杂志设计

MAGAZINE DESIGN

张旭 编著

龙门书局

北京

内 容 简 介

　　根据杂志设计的行业特色和应用分类，本书分为时尚生活、新闻娱乐、商业财经、IT数码、游戏动漫、体育运动、旅游地理、军事科技、艺术设计共9章。每一章都有杂志设计知识导读，帮助读者掌握杂志设计的基础知识，并通过精美的杂志设计案例来展示该章内容。目的在于通过这样的形式和方法，锻炼读者对杂志设计的感受能力、分析能力和审美能力。大量的精美案例解析可以使读者提升设计品位，从而激发读者的灵感与创意。

　　本书是平面设计、书籍设计、版式设计、字体设计、广告设计、包装设计从业者必备的杂志设计案例参考手册，也是各大、中专院校相关专业学生学习杂志设计的工具书。

图书在版编目（CIP）数据

杂志设计/张旭编著. —北京：龙门书局，2014.3
ISBN 978-7-5088-4183-0

Ⅰ．①杂… Ⅱ．①张… Ⅲ．①期刊－设计－研究
Ⅳ.①TS881

中国版本图书馆CIP数据核字（2014）第017027号

责任编辑：周晓娟　刘　薇　吴俊华 / 责任校对：杨慧芳
责任印刷：华　程　　　　　　　 / 封面设计：架构传播

龙門書局 出版
北京东黄城根北街16号
邮政编码：100717
http://www.sciencep.com

北京天颖印刷有限公司印刷
中国科技出版传媒股份有限公司新世纪书局发行　　各地新华书店经销

*

2014年5月第 一 版　　　　开本：889×1194 1/32
2014年5月第一次印刷　　　印张：7 3/4
字数：283 000

定价：55.00元
（如有印装质量问题，我社负责调换）

前　言

　　杂志也称期刊，是一种定期或不定期出版的连续出版物，是以固定刊名、相对固定的形式顺序编号，按一定的编辑方针，将特定领域的作品汇集成册出版的媒介形态。杂志一般制作较精美，具有光彩夺目的视觉效果，因此深受大众喜爱。

　　杂志与其他传媒相比，往往以自身别具一格的装帧艺术设计而受人青睐。由于杂志出版的连贯性、内容的独立性、风格的传承性，因此需要搭配大量的插图与照片、穿插众多的广告，形成了杂志独具个性与特色的表现形式。杂志的设计主要包含文字、版面色彩及插图表现的形式，并由此组成版式、封面、封底、书脊等各方面相互匹配或彼此呼应的整体效果。设计者需要下点工夫才能设计出独具创意、与众不同的杂志。

　　根据杂志设计的行业特色和应用分类，本书分为时尚生活、新闻娱乐、商业财经、IT数码、游戏动漫、体育运动、旅游地理、军事科技、艺术设计共9章。每一章都有杂志设计知识导读，帮助读者掌握杂志设计的基础知识，并通过精美的杂志设计案例来展示该章内容。目的在于通过这样的形式和方法，锻炼读者对杂志设计的感受能力、分析能力和审美能力。大量的精美案例解析可以使读者提升设计品位，从而激发读者的灵感与创意。

　　希望本书的读者能将所学的杂志设计方法与技巧应用到社会实践领域中去，创造出更多优秀的艺术设计作品。

　　感谢张翔、刘金龙、王丽丹、杨剑涛、刘遥、周世宾、胡敬、黄小龙、高宏、尹国勤、陈东华参与了本书的编写工作。由于编著者经验所限，书中难免会有疏漏和不足之处，敬希专家和读者批评指正。

编著者

2014年2月

CONTENTS | 目 录

第1章 | 时尚生活

目 录 | CONTENTS

CONTENTS ｜ 目　录

目 录 | CONTENTS

CONTENTS | 目 录

第4章 | IT数码

目 录 | CONTENTS

CONTENTS | 目 录

目 录 | CONTENTS

1.1 │男性

男性杂志是专为迎合男性的需求而发行的刊物，杂志的内容大多选用男性感兴趣的一系列资讯。版式设计都非常男性化，色彩和排版强调张力和阳刚，选用的图片粗犷有力，图片质量非常好，视觉冲击力比较强。

男性 | 品位

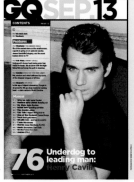

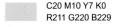
C20 M10 Y7 K0
R211 G220 B229

C29 M100 Y91 K0
R185 G27 B43

C27 M35 Y70 K0
R198 G167 B91

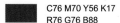
C76 M70 Y56 K17
R76 G76 B88

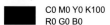
C0 M0 Y0 K100
R0 G0 B0

*GQ*是一本美国发行的有关男士时尚潮流的杂志。该杂志代表着穿着打扮考究、有品位的一类男士,读者通常是具有较高学位和收入的男性,爱好者年龄跨度很大。杂志的整体设计运用了色彩绚丽的照片和鲜明的字体,强调了其整洁、经典的版式布局,与杂志时尚华丽的风格紧密结合。

C12 M97 Y77 K0
R213 G30 B52

C6 M14 Y87 K0
R245 G216 B34

C87 M71 Y43 K4
R50 G80 B113

C51 M60 Y85 K6
R142 G107 B61

C0 M0 Y0 K100
R0 G0 B0

*Men's Journal*是一本美国的男性杂志，杂志专注于男性生活方式以及户外休闲、环境问题、健康和健身、男性时尚和配饰，主张男士要有独特的装扮以及出众的品位，是专为时尚成功男士量身打造的生活杂志。杂志设计低调内敛，体现成熟男士的魅力，用色讲究，展现了杂志自身品质。

男性 | 成熟

C16 M11 Y11 K0
R221 G223 B223

C58 M43 Y38 K0
R123 G135 B143

C67 M59 Y61 K8
R100 G101 B94

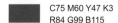
C75 M60 Y47 K3
R84 G99 B115

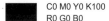
C0 M0 Y0 K100
R0 G0 B0

*Esquire*是一本美国老牌的男人时尚杂志。该杂志始终以特立独行的姿态出现在世人面前，在内容上以纪实性报道以年轻男性关心的演艺、体育界为主，在更多人接受的基础上保持创新。在杂志设计上坚持实用原则，没有性感的封面女郎，以读者的阅读便利为第一。

男性 | 硬朗

C7 M95 Y88 K0
R220 G39 B38

C63 M55 Y53 K2
R115 G114 B112

C9 M5 Y87 K0
R240 G227 B37

C51 M57 Y65 K2
R142 G115 B91

C0 M0 Y0 K0
R255 G255 B255

*Men'sHealth*是美国著名时尚男性杂志，如今已发展成为全球规模最大的男性杂志品牌，涵盖健康、健身、时尚、营养学、社交、旅游、科技、金融等男性生活中的方方面面，适合不同年龄段的男性阅读。杂志设计无论是颜色还是版式，都充满男性的气息，粗犷、大气且硬朗。

C79 M34 Y13 K0
R33 G136 B187

C3 M17 Y35 K0
R247 G219 B173

C12 M96 Y85 K0
R213 G37 B43

C31 M85 Y92 K0
R183 G70 B42

C0 M0 Y0 K100
R0 G0 B0

*FHM*是英国最受欢迎的男性杂志之一，一向以性感的封面女郎及幽默的编辑内容著称，内容涵盖时尚、科技、生活、旅行、音乐、电玩及电影等，适合新时代的男人阅读。杂志设计细节考究，大篇幅的人物和强烈的色彩，给人带来视觉的冲击。

1.2 │女性

女性杂志整体上印刷精美，色彩艳丽，图文并茂，使女性读者在阅读时产生一种视觉上的欣赏和愉悦的体验。内容针对女性的需求周密策划，十分讲究；版式设计非常富有美感；唯美精致的图片与制作精美的广告是女性杂志的基底。

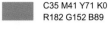
C35 M41 Y71 K0
R182 G152 B89

C15 M95 Y88 K0
R210 G41 B41

C45 M69 Y76 K5
R154 G95 B68

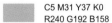
C5 M31 Y37 K0
R240 G192 B158

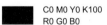
C0 M0 Y0 K100
R0 G0 B0

*ELLE*是一本法国的女性杂志。杂志专注于时尚、美容及生活品位，在全球36个国家发行，拥有超过2000万名忠实读者。通过对时尚流行趋势的精确分析、传播、选择，在产品形象上也形成独一无二的风格。精致的排版、华丽的人物摄影，都显示出杂志的高品质。

女性 | 品质

	C52 M55 Y81 K4	R140 G116 B69
	C51 M42 Y41 K0	R143 G143 B143
	C75 M69 Y66 K28	R71 G71 B71
	C0 M0 Y0 K100	R0 G0 B0
	C0 M0 Y0 K0	R255 G255 B255

*VOGUE*是一本美国的时尚杂志，是全球最重要的杂志品牌之一，被公认为全世界最领先的时尚杂志。杂志介绍世界女性时尚，包括美容、服装、珠宝、保健、健美、旅行、艺术、名人轶事和娱乐等方面的内容。杂志的品质卓越，专业大气的设计，一流的摄影，都彰显了它独一无二的地位。

C17 M97 Y96 K0
R206 G34 B32

C42 M48 Y71 K0
R166 G136 B86

C10 M35 Y60 K0
R230 G178 B110

C0 M0 Y0 K100
R0 G0 B0

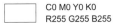

C0 M0 Y0 K0
R255 G255 B255

*Harper's Bazaar*是一本美国著名的时装杂志，为女性提供美容、时装、购物、明星等相关内容，带给了全球女性崭新的生活，开创了时尚杂志的新纪元。该杂志始终引领时尚的艺术潮流，倡导个性生活方式，是专为成熟、高品位的职业女性奉献的时装杂志。杂志的风格大气优雅、时尚前卫、品质一流。

	C52 M5 Y13 K0 R126 G197 B218
	C67 M7 Y13 K0 R63 G180 B214
	C11 M7 Y85 K0 R235 G222 B51
	C99 M86 Y44 K8 R8 G57 B101
	C8 M62 Y71 K0 R227 G124 B72

*COSMOPOLITAN*是一本美国著名的女性时尚类杂志。杂志秉承一贯的编辑风格与办刊思想，同时不断创新，以独特的视角、敏锐的洞察，形成自成一体的品质和市场定位，读者是拥有高学历、高消费能力的女性群体。杂志的设计优雅细致，有着丰富的色彩搭配，以及不断变换的版式，独具特色。

女性 | 成熟

	C24 M93 Y13 K0 R194 G41 B126
	C7 M15 Y35 K0 R240 G219 B176
	C55 M37 Y33 K0 R130 G148 B158
	C37 M4 Y31 K0 R173 G211 B189
	C70 M46 Y35 K0 R90 G124 B145

*Marie Claire*是一本法国的女性杂志，是世界顶级的高档女性期刊之一。在推崇时尚潮流的同时，该杂志也将刷新女性杂志一贯的形象，并以人文眼光报道女性关心的各种社会问题，面对的读者是成熟知性的都市女性。杂志设计成熟，版式看似简单却有其独到之处，专业的摄影图片也是不可缺少的部分。

1.3 │ 服饰

服饰杂志向消费者介绍最新、最时尚的服装搭配及流行趋势，受众群体广泛。服饰杂志形式多样，内容丰富，根据季节及流行趋势的变化而不断改变。版式设计突出主题，注重细节，根据受众群体的不同，做出相应的设计风格。

Contents

C56 M49 Y39 K4
R129 G125 B135

C38 M30 Y20 K2
R170 G171 B183

C23 M56 Y47 K2
R199 G131 B118

C9 M98 Y99 K1
R216 G22 B24

C0 M0 Y0 K0
R255 G255 B255

*The LA Fashion*是一本美国的时尚高级礼服走秀杂志。杂志每一期都有不一样的主题，带给你最新的流行服饰资讯、专业的点评和介绍。杂志读者多是都市时尚的白领女性，她们可以根据每一期的流行趋势找到适合自己的服饰搭配。杂志整体风格讲究创意，版式丰富，观赏性强。

 C100 M96 Y59 K24
R20 G38 B73

 C67 M56 Y44 K0
R104 G110 B124

 C5 M74 Y73 K0
R229 G99 B64

 C29 M15 Y28 K0
R193 G204 B187

 C0 M0 Y0 K0
R255 G255 B255

L'OFFICIEL 是一本法国的超级时装杂志，是最经典的法国女性读物之一。杂志秉承经典法式的格调，紧扣时尚脉搏，报道即将举行的时尚盛典、展览、装饰品方面的资讯，文字诙谐，主要针对别具品位的大都市女性读者。杂志风格有着法式的优雅与时尚，独特的版面设计，到处都体现出大气与品质。

	C8 M6 Y5 K0 R238 G238 B241
	C37 M57 Y67 K0 R175 G123 B88
	C76 M69 Y58 K18 R74 G76 B85
	C0 M0 Y0 K100 R0 G0 B0
	C0 M0 Y0 K0 R255 G255 B255

*Fashion Journal*是一本澳大利亚女装时尚杂志,也是经典畅销的时尚女性杂志。杂志介绍了最新时装流行搭配,从时尚女装到精致女包、高级女鞋、饰品搭配,给时尚女性全面的潮流指南。杂志风格时尚高端,充满质感,版面经过精细的设计编排,体现了杂志的品质。

服饰｜可爱

CONTENTS

COVER

	C17 M22 Y31 K0 R218 G200 B177
	C12 M16 Y11 K0 R229 G217 B219
	C55 M84 Y96 K35 R105 G50 B29
	C0 M0 Y0 K100 R0 G0 B0
	C0 M0 Y0 K0 R255 G255 B255

*Babystyle*是一本英国的童装杂志。作为世界知名的童装杂志，该杂志在国际童装领域具有相当高的流行权威，发布的童装信息一直为世界各大品牌所采用，是了解童装时尚的最佳媒体，其读者都是追求时尚的父母们。杂志设计风格清新可爱，颜色多是白色或浅色，使得整个杂志版面看起来干净质朴。

BABYSTYLE *beauty*

MOMMY MULTI-TASKING

10 products to maximize your "me time."

by GRETTA MONAHAN

TIP

BAKED BY MELISSA

ELIZABETH ST.

10.

9.

THE SUPERLUX ROYAL DUO

BABYSTYLE *insider*

7. PETITE BOX

Kidville

8.
KIDVILLE

NEST *in* CHIC

SISSY + MARLEY

BABYSTYLE *tech*

IT'S *HAPPENING* ON

ELIZABETH ST

Where Stylish Moms Meet

	C56 M28 Y34 K0 R123 G159 B162
	C74 M50 Y45 K0 R82 G116 B128
	C62 M24 Y36 K0 R105 G160 B161
	C45 M2 Y22 K0 R149 G208 B206
	C7 M1 Y65 K0 R246 G239 B114

*Gioia*是一本意大利的时尚女装杂志，专注于为读者介绍最新时尚资讯，包括时装走秀、潮流搭配、流行服饰等，是年轻潮流女性的最佳选择。杂志设计充满意大利的时尚风情，版式简洁大气，色彩搭配令人舒适且具有吸引力。

1.4 ｜ 婚礼

婚礼杂志旨在向读者推荐最新的婚纱流行款式及婚庆理念和方式等。该类杂志设计图文结合，大气、唯美、浪漫，又因杂志具有时尚性、专业性、实用性的特点，所以始终散发着婚庆消费人群和行业人士不可抗拒的魅力。

	C57 M77 Y40 K0 R132 G80 B113
	C78 M63 Y27 K0 R75 G95 B140
	C30 M13 Y14 K0 R189 G208 B214
	C56 M51 Y47 K0 R132 G124 B123
	C45 M49 Y35 K0 R156 G133 B143

*Look Weddings*是一本美国时尚婚纱礼服杂志，内容包括最新美国风格的婚纱款式和婚庆装扮，是高水准的婚纱新款发布媒体之一。杂志面向想要了解国外婚纱最新流行趋势的设计师，以及准备穿上婚纱的新娘。杂志风格简单大气，整体色彩饱满柔和，带给人温暖幸福的感觉。

C71 M9 Y33 K0
R48 G173 B177

C11 M97 Y32 K0
R214 G17 B102

C47 M31 Y55 K0
R152 G161 B125

C27 M11 Y2 K0
R195 G214 B237

C0 M0 Y0 K0
R255 G255 B255

*Schencks Wedding Guide*是一本德国的时尚婚庆杂志。杂志以领先时代的婚礼风尚，倡导与引领个性张扬的时尚婚礼，是专为最具消费能力的准新娘而量身定制的高端人群新婚指南。杂志设计时尚感十足，大胆使用亮色，营造出欢乐温馨的婚礼氛围。

C20 M18 Y10 K0
R211 G208 B217

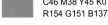
C46 M38 Y45 K0
R154 G151 B137

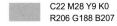
C22 M28 Y9 K0
R206 G188 B207

C36 M18 Y75 K0
R179 G187 B88

C42 M5 Y27 K0
R158 G205 B194

*Wedding Ideas*是一本南非的时尚婚礼饰品杂志。杂志深入分析并引领潮流的婚纱礼服及珠宝配饰流行趋势，详细指导读者掌握最优雅、最适用的穿着搭配技巧，是时尚新娘手中的时尚圣典。杂志风格以清新文艺风为主，田园风十足，柔和的色调加上细致的布景构成了该杂志的独特风格。

婚礼 | 轻盈

C22 M18 Y18 K0
R206 G204 B202

C38 M32 Y29 K0
R172 G169 B169

C50 M42 Y42 K5
R139 G138 B135

C13 M20 Y17 K0
R225 G208 B204

C0 M0 Y0 K0
R255 G255 B255

*Weddings In Arkansas*是一本美国的以报道全球范围内婚礼花艺设计为主要内容的婚纱杂志，现已成为婚礼花艺行业的时尚风向标，是婚礼花艺行业从业者及即将结婚者最佳的参考刊物。杂志设计高端大气，用简单的纯色背景衬托出主题画面，版式设计简单轻盈。

C6 M22 Y0 K0
R239 G212 B230

C6 M31 Y2 K0
R236 G195 B217

C12 M96 Y24 K0
R212 G21 B111

C9 M28 Y42 K0
R234 G194 B150

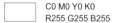

C0 M0 Y0 K0
R255 G255 B255

*You & Your Wedding*是一本英国的婚纱礼服时尚杂志。杂志内容主要包括最新流行的婚纱、晚装、首饰、礼服等，主要阅读群体包括未来的新娘及从事婚庆相关工作的人员。杂志整体多采用大幅唯美的人物婚纱摄影图片，版式简洁大气，增强了杂志的观赏性。

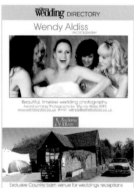

婚礼 | 韵律

C70 M56 Y96 K18
R89 G96 B48

C39 M32 Y42 K0
R170 G167 B148

C47 M37 Y41 K0
R151 G152 B144

C24 M31 Y64 K0
R204 G176 B104

C0 M0 Y0 K0
R255 G255 B255

*Magnolia Rouge*是一本新西兰的婚纱杂志，杂志内容包括最新的新西兰风格的婚纱款式和婚庆装扮，已成为指导新娘新婚婚前后消费的婚尚范本。杂志的设计具有灵活的流动美，典雅的插图、自由自在的版式变换等都让读者感受到了韵律之美。

婚礼 | 浪漫

	C25 M21 Y13 K0	R200 G197 B208
	C52 M42 Y32 K0	R139 G142 B155
	C21 M23 Y45 K0	R210 G194 B149
	C41 M56 Y55 K0	R166 G124 B108
	C0 M0 Y0 K0	R255 G255 B255

Wedding Style 是一本西班牙的时尚婚纱杂志。杂志为您推荐实用的婚礼创意、婚礼策划、婚纱礼服、浪漫蜜月等，读者包括婚礼策划行业从业者及即将结婚的人们。杂志设计风格唯美，优雅甜美的色彩搭配迎合了婚礼这一温馨的主题。

1.5 │ 美容

美容杂志的主要阅读群体为女性，内容围绕女性感兴趣的话题，以实用为原则，为读者介绍最新且最全面的美容、彩妆、产品等资讯。内容丰富全面，版式风格时尚，摄影图片专业，依据女性的喜好进行编排。

C7 M2 Y65 K0
R245 G238 B112

C36 M58 Y63 K0
R177 G122 B94

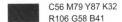

C56 M79 Y87 K32
R106 G58 B41

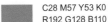

C28 M57 Y53 K0
R192 G128 B110

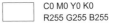

C0 M0 Y0 K0
R255 G255 B255

*Allure*是一本美国的美容美妆杂志，是一本赋予"美"新定义的风格杂志，专为时尚女性量身打造。杂志内容以精心策划的专题和实用的资讯为主，以"身心健康的美"作为新时代女性的标杆，反映时下女性的生活风格。杂志设计版面表现丰富，层次清晰，具有较高的审美情趣，整体颇具质感。

C15 M89 Y65 K0
R210 G59 B70

C32 M40 Y45 K0
R185 G158 B135

C76 M67 Y62 K21
R72 G77 B80

C0 M0 Y0 K100
R0 G0 B0

C0 M0 Y0 K0
R255 G255 B255

*New Beauty*是一本美国的美容杂志，是唯一完整地提供美容界抗老保养资讯的杂志——从医学界最新抗衰老产品到维持体型的运动和饮食都有全面的介绍，是追求苗条身材、美丽容貌的读者保持青春的最佳指南。杂志设计时尚、大气，内容丰富多样，版式设计灵动、自然，色彩醒目。

C18 M92 Y61 K0
R204 G49 B74

C13 M13 Y0 K0
R225 G222 B239

C46 M62 Y67 K2
R155 G109 B86

C1 M26 Y19 K0
R248 G205 B195

C0 M0 Y0 K100
R0 G0 B0

Votre Beauté 是一本法国的美容杂志。杂志介绍了最新的流行彩妆、美容护理及护肤产品等，几乎成为了法国"人手一本"的美容宝典，每年选出年度最佳美容产品，是法国媒体三大美容大奖之一，是爱美女性的最佳选择。杂志拥有大篇幅的美容图片，充满女性特点的柔美色彩，让读者印象深刻。

1.6 │ 美发

美发杂志的阅读人群具有针对性，专为发型设计师及潮流人士出版。内容包含最新流行的发型趋势，并围绕美发这一主题向读者介绍周边产品等信息。美发杂志设计风格强烈，主题明确突出，色彩艳丽，版式设计新潮时尚。

C73 M58 Y61 K10
R85 G98 B93

C51 M35 Y31 K0
R139 G153 B162

C16 M28 Y35 K0
R220 G191 B163

C34 M53 Y71 K0
R181 G132 B83

C0 M0 Y0 K0
R255 G255 B255

TOMOTOMO是一本日本的专业发型杂志。杂志侧重于头发造型技巧上的教学和示范，以及各种可启发发型师创意的前卫设计，每一期都会以时下最流行的发型话题为主题，非常适合专业的发型师去寻找灵感。杂志设计时尚前卫，大胆的用色，每一期不同的封面人物造型都令人眼前一亮。

美发 | 创新

C5 M26 Y86 K0
R243 G196 B42

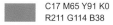
C17 M65 Y91 K0
R211 G114 B38

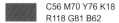
C56 M70 Y76 K18
R118 G81 B62

C80 M18 Y91 K0
R20 G150 B73

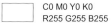
C0 M0 Y0 K0
R255 G255 B255

*Disconnect*是一本中国香港地区的美发专业杂志。杂志富有远见和创作激情，报道最新美发资讯，引领美发趋势，并与供应商、沙龙业主、设计师建立长期合作伙伴关系，加强资深专业人士的创新。杂志设计新潮时尚，版面简洁，主题突出，体现了高品位的视觉效果。

	C80 M35 Y20 K0 R16 G135 B176
	C42 M29 Y32 K0 R161 G170 B167
	C51 M70 Y67 K7 R140 G90 B80
	C66 M73 Y71 K31 R88 G64 B60
	C0 M0 Y0 K100 R0 G0 B0

*Hype Hair*是一本美国的女士发型杂志。杂志包含了最新的发型信息，让你始终走在流行的前沿。如果哪个女人想弄一头漂亮的卷发，该杂志绝对是你的最佳向导。杂志的设计强化了主题形象，版式时尚大气，欧美范十足。

1.7 | 家居

家居杂志旨在向读者宣传一种生活态度和生活理念，是现代生活中引领时尚家居装饰的指南，内容强调家居装饰、名师设计风范及精美家具装饰品展示等。杂志设计以精美的家居装饰图片为主，配以相应文字，充满温馨的阅读感觉。

 C78 M63 Y10 K0
R74 G95 B160

 C78 M55 Y96 K20
R63 G92 B49

 C56 M62 Y77 K11
R125 G99 B69

 C12 M50 Y8 K0
R221 G151 B182

 C25 M22 Y24 K0
R200 G194 B188

*NZ House & Garden*是一本新西兰的家居及花园设计杂志，四色完美结合的品质杂志展现出新西兰风格最好的设计。该杂志的读者包括热爱家居装饰和花园设计者，满足他们对生活方式和品位的多样化追求亦是杂志的宗旨。杂志整体设计清新自然，版式设计简单明了，色彩丰富柔和、贴近自然，给人舒适之感。

家居｜温暖

C29 M97 Y29 K0
R185 G25 B106

C25 M19 Y22 K0
R200 G200 B195

C76 M47 Y100 K8
R72 G112 B51

C58 M78 Y100 K38
R97 G54 B25

C0 M0 Y0 K100
R0 G0 B0

*Nuevo Estilo*是一本西班牙的潮流家居装饰杂志。该杂志介绍了时尚家居和现代精致的装修风格，目的是引导人们追求高品质的生活，读者均非常热爱生活、热爱家居。杂志的风格统一，色调温暖，版式设计的基调偏静，带给人温馨舒适的阅读感觉。

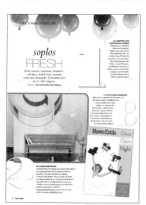

C50 M45 Y58 K0
R146 G136 B110

C71 M68 Y82 K40
R70 G63 B47

C71 M61 Y64 K15
R87 G91 B85

C41 M75 Y31 K0
R165 G87 B125

C0 M0 Y0 K0
R255 G255 B255

*Concept for Living*是一本来自英国北部已经有10年历史的家居类杂志。杂志为你展示尖端与激动人心的室内设计项目，并且还提供了对内部产业创意设计爱好者的评价，读者包括室内设计师及热爱家居装饰的人。杂志设计新颖独特，每一期都带给人不一样的设计感受，带给你新鲜的感觉。

C8 M9 Y9 K0
R237 G233 B230

C16 M18 Y24 K0
R221 G208 B192

C44 M100 Y63 K4
R159 G106 B36

C68 M44 Y10 K0
R91 G130 B181

C74 M76 Y94 K59
R48 G37 B19

*EIIE DE COR*是一本意大利的时尚家具杂志，旨在将具有时尚风格和充满灵感的作品带到读者家里的每个房间，认为可以将古董与现代产品的设计灵感完美融合在一起，是一本为新生代专业设计师和用户准备的杂志。杂志的设计代表着高端大气的品位，从版式到设计风格都具有国际时尚的风格。

	C54 M28 Y82 K0 R136 G158 B77
	C76 M59 Y100 K31 R66 G79 B38
	C18 M21 Y27 K0 R215 G202 B185
	C3 M68 Y88 K0 R233 G112 B38
	C0 M0 Y0 K0 R255 G255 B255

*Garden Design*是一本美国的著名园林设计杂志，教授怎样用花草植被装饰美化室内、客厅、阳台、花园，让人感受到与植物花卉共呼吸、绿色环保的生活环境及人与自然的结合美。杂志版式统一协调，图片大多是绿色植物与精美花卉，颜色舒适，给人带来轻松的阅读氛围。

1.8 │ 手工

手工杂志为读者介绍各类手工制作方法，以及最新的手工技巧和样式，内容丰富详细，作品美观大方。该类杂志种类繁多，针对不同的受众人群，设计风格围绕其主题，细节编排精细，图片丰富，版式设计多样。

C25 M28 Y9 K0
R198 G186 B207

C45 M44 Y24 K0
R156 G144 B165

C69 M67 Y49 K5
R101 G97 B107

C56 M99 Y73 K33
R105 G23 B48

C0 M0 Y0 K0
R255 G255 B255

*Piece Work*是一本美国的针织手袋杂志。作为专业针织花版杂志，每期都会有详细文字和图解，从不同的角度和层面上教各种难易程度的针织技术，毛衣、帽子、手套等针织款式都包含在内，杂志的读者都是热爱针织的人。杂志的排版整齐大方，多是单幅图片配以大量的文字，阅读起来清晰明了。

C51 M60 Y8 K0
R142 G112 B168

C67 M82 Y0 K0
R109 G65 B150

C11 M50 Y4 K0
R223 G152 B189

C15 M34 Y14 K0
R218 G181 B193

C0 M0 Y0 K0
R255 G255 B255

*Cross Stitch Crazy*是一本英国的手工杂志，也是以传统美感为主轴的参考杂志。杂志提供了许多十字绣采购资讯与相关的变化技法，以及可供学习参考的设计图与成品介绍，是为喜爱十字绣的读者准备的。杂志的设计风格清新活泼，色彩丰富亮丽，版式变化丰富，避免了呆板无趣造成的视觉疲劳。

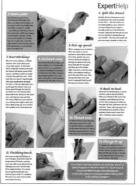

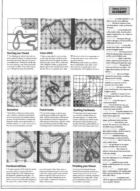

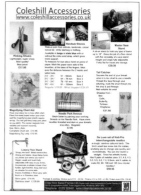

C11 M84 Y11 K0
R215 G68 B136

C13 M15 Y13 K0
R227 G218 B216

C88 M64 Y16 K0
R27 G91 B153

C47 M39 Y54 K0
R153 G148 B121

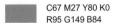
C67 M27 Y80 K0
R95 G149 B84

*Simply Knitting*是一本英国最畅销的针织杂志。无论你是初学者还是已经有多年针织经验的熟手都会在此杂志找到乐趣，因为该杂志提供了许多令人兴奋的新样式。杂志的设计风格完全迎合了女性的需求，亮丽可爱的色彩搭配及各种针织物品构成了杂志的整体设计风格。

	C4 M25 Y20 K0 R243 G205 B195
	C43 M7 Y0 K0 R152 G205 B239
	C34 M67 Y77 K0 R180 G105 B67
	C40 M53 Y48 K0 R169 G131 B120
	C93 M89 Y63 K47 R23 G32 B53

*Love of Crochet*是一本美国的编织杂志，是钩针爱好者们的最佳选择。杂志每一期都有制作指南，以简明扼要的语言来指导你的每一步，让这适合所有技能水平的创意想法和节省时间的技术来激发你的钩针灵感，激发你的潜能达到新高度。杂志风格大气自然，没有过多修饰，使版面看起来干净简洁。

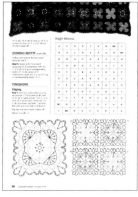

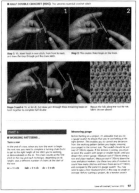

手工 | 简洁

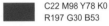
C22 M98 Y78 K0
R197 G30 B53

C44 M35 Y32 K0
R158 G158 B160

C51 M72 Y88 K15
R133 G81 B51

C21 M13 Y78 K0
R214 G207 B77

C19 M15 Y16 K0
R214 G213 B209

*Knitscene*是一本英国的手工针织杂志。杂志向我们展示了许多漂亮的针织物品，各种独特有漂亮的毛衣、帽子、披肩、手套和袜子的最新针织款式及制作方法，翻开每一页都能让你感觉到针织的魅力，是为喜爱针织的读者特别奉献的。杂志设计风格清新自然，版式简洁明了，使读者阅读起来轻松愉悦。

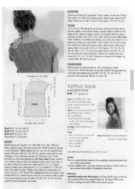

1.9 | 美食

美食杂志向读者介绍美食生活的乐趣和享受方式，以及美食新闻、特色餐厅、烹饪指南、饮食搭配等内容，为热爱美食的人士提供最专业的指导。杂志选用大量的美食图片，易使人产生食欲，图文并茂，文字精简，可读性强。

美食 | 明快

C28 M95 Y81 K0
R188 G45 B53

C23 M38 Y73 K0
R205 G165 B84

C60 M51 Y47 K0
R123 G122 B124

C0 M0 Y0 K100
R0 G0 B0

C0 M0 Y0 K0
R255 G255 B255

*Appetite*是一本新加坡新生的美食杂志，其专业性和信息量丝毫不亚于任何老牌美食杂志。杂志介绍美食新闻、特色餐馆、美食食谱等专题，读者为都市时尚的年轻女性。杂志封面多采用手绘的卡通图案，简单可爱又不失时尚，艳丽明快的色彩搭配迎合了当下都市女性的追求。

C6 M84 Y87 K0
R225 G74 B40

C5 M13 Y21 K0
R243 G227 B205

C80 M56 Y10 K0
R58 G105 B167

C38 M30 Y29 K0
R172 G172 B171

C0 M0 Y0 K0
R255 G255 B255

*Cucina Moderna*杂志创立于1929年，是意大利首屈一指的美食杂志，目前致力于品牌国际化发展和进军电视圈。该杂志吸引超过100万名的读者阅览，其中81%的读者来自中、高等社会阶层。作为老牌美食杂志，杂志的设计风格已经成熟，诱人的美食图片和象征着新鲜的色彩充斥着整本杂志。

C13 M18 Y64 K0
R228 G207 B111

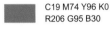

C19 M74 Y96 K0
R206 G95 B30

C73 M35 Y100 K0
R83 G134 B54

C22 M91 Y100 K0
R199 G54 B29

C56 M87 Y100 K44
R92 G38 B20

*Vegetarian Times*是一本美国的素食美食杂志，是维护健康生活方式的终极指南。该杂志为每个健康问题提供了新的配方，以满足健康的需求；另外，还提供了各种美味的免费食谱及烹饪技巧，深受喜爱素食的人群欢迎。有趣的文章和多彩的照片构成了杂志的整体风格，让人阅读起来赏心悦目。

C18 M83 Y100 K0
R206 G75 B24

C27 M52 Y93 K0
R196 G135 B38

C38 M18 Y20 K0
R171 G192 B196

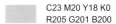

C23 M20 Y18 K0
R205 G201 B200

C57 M24 Y13 K0
R117 G167 B200

*Sale&Pepe*是一本意大利的美食杂志。杂志主要介绍甜品及最新菜式的做法，并给出全面细致的讲解，读者包括美食方面的工作者和热爱美食的人。杂志的版式有自己的特色，采用大幅美食图片做底图，配上黑色或白色的细体字，浑然一体、干净自然。

C0 M75 Y85 K0
R235 G97 B42

C67 M10 Y100 K0
R91 G169 B50

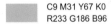

C9 M31 Y67 K0
R233 G186 B96

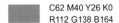

C62 M40 Y26 K0
R112 G138 B164

C0 M0 Y0 K0
R255 G255 B255

*Vie Pratique Gourmand*是一本法国的烹饪美食杂志。杂志每一期都有一个主题，介绍许多色香味俱全的美食做法，配以大量精美的图片，还有精美的餐具和食材。杂志的读者有专业的厨师，还有业余美食爱好者。杂志色彩丰富，细节处理细致，体现了法国人的浪漫，给人带来幸福的阅读体验。

美食|简洁

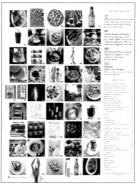

C7 M90 Y95 K0
R221 G58 B27

C42 M42 Y52 K0
R163 G148 B123

C35 M80 Y100 K1
R176 G79 B34

C0 M0 Y0 K100
R0 G0 B0

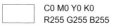
C0 M0 Y0 K0
R255 G255 B255

*Saveur*是一本美国的时尚生活美食杂志。该杂志介绍世界各地的特色风味食品，几乎包含了所有与美食相关的信息和资讯，所介绍的美食资讯也是与健康息息相关的，因此杂志的爱好者范围甚广。杂志的设计简洁大气，没有大量的文字内容让你阅读，而是让你在欣赏图片的同时，感受美食带给你的快乐。

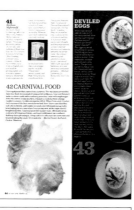

C9 M12 Y73 K0
R239 G218 B88

C1 M78 Y78 K0
R234 G90 B54

C91 M83 Y15 K0
R43 G63 B137

C41 M26 Y20 K0
R163 G176 B189

C0 M0 Y0 K0
R255 G255 B255

*Feel Good Food*是一本英国的美食杂志。该杂志介绍关于美食的一切，包括美食介绍、美食食谱、享用美食心得等，还有一些专家会解说关于食物健康方面的知识，杂志的读者有专业的厨师及业余美食爱好者。精细简洁的版式，融合丰富的色彩和大幅的美食图片，让你看杂志的同时享受其中。

1.10 │宠物

宠物杂志以宠物为本，向读者介绍宠物的饲养、养护、情感互动、宠物产品消费等内容，为饲养宠物的家庭提供最专业的知识。宠物杂志主题明确，风格大多较温馨可爱，色彩鲜艳，集休闲、娱乐为一体。

C13 M98 Y54 K0
R212 G18 B77

C42 M21 Y98 K0
R167 G177 B32

C15 M31 Y83 K0
R222 G181 B59

C11 M51 Y62 K0
R224 G148 B97

C0 M0 Y0 K0
R255 G255 B255

Small Furry Pets 是一本英国发行的宠物杂志，是英国有史以来第一个专注于啮齿类这一群体宠物的杂志。杂志对宠物的品种、饲养、消费等方面都有详细介绍，读者多为喜欢啮齿类宠物的人。杂志的风格体现了啮齿类宠物的特色，色彩鲜艳跳跃，带给读者愉快的阅读氛围。

C29 M98 Y95 K0
R185 G33 B38

C56 M51 Y56 K0
R131 G124 B111

C22 M95 Y4 K0
R197 G27 B131

C42 M16 Y87 K0
R165 G183 B65

C0 M0 Y0 K0
R255 G255 B255

*Your Cat*是一本美国的专业宠物杂志,是爱猫人士必备的专业饲养和护理猫的杂志。杂志中专家小组为读者解答各种关于猫的专业知识,并且有猫的品种介绍、名人访谈等,集知识、休闲、娱乐于一体。杂志配有大量猫的图片,色彩丰富艳丽,营造了欢乐的氛围。

C68 M24 Y9 K0
R74 G158 B204

C46 M29 Y87 K0
R156 G162 B63

C66 M49 Y98 K7
R105 G115 B49

C67 M58 Y100 K20
R95 G92 B40

C0 M0 Y0 K0
R255 G255 B255

*Amazonas*是一本德国的鱼类杂志。杂志通过对热带地区的实地考察，对鱼类、无脊椎动物和水生植物进行详细报告，视角新颖、可读性强且专家和鱼友能交流互动，读者包括成千上万的鱼类爱好者。杂志设计主题明确，颜色搭配丰富，整体风格活泼可爱。

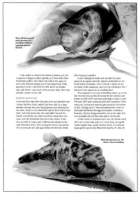

1.11 | 健康

健康杂志的目的是引导读者以健康的方式生活，向读者推荐饮食、健身、美容等方面的信息以及心理方面的指导，让读者保持身心的健康。杂志设计围绕主题，通过版式及色彩的搭配，达到阅读时的舒适和放松效果。

C11 M4 Y83 K0
R238 G229 B59

C55 M7 Y76 K0
R128 G186 B94

C26 M55 Y55 K0
R196 G132 B107

C0 M0 Y0 K100
R0 G0 B0

C0 M0 Y0 K0
R255 G255 B255

*Health&Nutrition*是一本美国关于运动健康的杂志。杂志介绍关于运动、减肥、食物等健康方法，并且有专业人士为读者解答健康的问题，杂志的读者广泛。想要拥有健康的生活方式，这本杂志是一个不错的选择。杂志设计版式统一，文字相对来说比较多，内容丰富，图片充满健康的感觉。

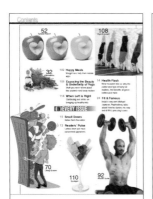

C55 M35 Y89 K0
R135 G148 B64

C0 M65 Y87 K0
R238 G120 B38

C78 M72 Y75 K45
R53 G54 B49

C0 M0 Y0 K100
R0 G0 B0

C0 M0 Y0 K0
R255 G255 B255

Experience Life 是一本美国的健康杂志。杂志中从饮食到运动有专家规划和解说，帮助读者调整自己的生活方式，解决关于健康的问题，主要面向事业成功的中年人士。杂志的设计充满活力，迎合了健康这一主题，带给你健康的信息。

C0 M69 Y75 K0
R237 G111 B62

C82 M35 Y69 K0
R32 G131 B102

C18 M49 Y51 K0
R211 G148 B117

C55 M85 Y95 K38
R101 G45 B28

C0 M0 Y0 K0
R255 G255 B255

*Shape*是一本美国的妇女健身和美容杂志，是全美销量最大的健康类杂志之一。该杂志以让读者享受通过明智健身带来的乐趣为目标，杂志的读者大多是现代都市女性。杂志的设计以健康的女性形象为主，色彩明快艳丽，风格动感十足。

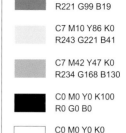

■	C10 M73 Y97 K0 R221 G99 B19
■	C7 M10 Y86 K0 R243 G221 B41
■	C7 M42 Y47 K0 R234 G168 B130
■	C0 M0 Y0 K100 R0 G0 B0
□	C0 M0 Y0 K0 R255 G255 B255

*Women's Health*是一本美国的女性健康杂志，杂志主张"把握女性健康脉动，塑造完美女性"，为女性读者呈献涵盖健康、美容、生活、两性、情感以及饮食与营养等诸多内容，倡导一种积极健康的生活方式，主要面向有知识的独立女性。杂志版式变换丰富，整体生动活泼，并富有层次感。

C75 M18 Y27 K0
R25 G158 B179

C5 M53 Y29 K0
R232 G147 B149

C12 M80 Y95 K0
R216 G84 B28

C18 M14 Y20 K0
R217 G215 B204

C17 M7 Y89 K0
R223 G218 B37

*Natural Health*是一本美国的健康杂志。杂志讲解科学、健康的生活方式，通过专家的建议和读者的互动，帮助人们保持健康的身心。杂志的读者多为女性，她们关注自身及家人的健康，并通过杂志得到好的建议，了解调整自己的生活方式。杂志设计充满活力，清新的色调，精细的排版，带给人放松的阅读氛围。

1.12 | 家庭

家庭杂志是家庭成员都适合阅读的杂志。杂志内容广泛，包括时事新闻、情感生活、时尚资讯、美食推荐、体育运动、科学知识等。杂志风格简洁朴素、可读性强，版式稳定整洁，带给人温馨的阅读感受。

	C21 M32 Y53 K0 R209 G177 B126
	C4 M87 Y77 K0 R227 G64 B53
	C48 M80 Y100 K15 R139 G70 B35
	C5 M47 Y84 K0 R237 G157 B51
	C0 M0 Y0 K0 R255 G255 B255

*Reader's Digest*是美国的一本家庭杂志，是当前最畅销的杂志之一。杂志涵盖了健康保健、大众科学、体育运动、美食烹饪、旅游休闲等内容，能为各个年龄、各种文化层次的读者提供资讯。杂志以文字为主，所以在版式设计上更加灵活多变，努力使读者增加阅读兴趣。

C27 M98 Y68 K0
R190 G32 B65

C34 M93 Y30 K0
R178 G46 B111

C58 M1 Y20 K0
R100 G195 B208

C81 M66 Y39 K1
R68 G90 B123

C0 M0 Y0 K0
R255 G255 B255

*Red Book*是一本美国新时代女性杂志。该杂志致力于帮助读者平衡紧张的家庭生活与工作，除了针对两性、家庭、婚姻、健康等问题的讨论外，还有关于时尚、美容、健身、美食等问题的讨论，是为年轻的职业女性所编的杂志。杂志有着职业女性的成熟与优雅，整体设计不夸张，带给人稳定整洁的视觉效果。

C89 M62 Y5 K0
R17 G92 B166

C5 M78 Y89 K0
R227 G89 B36

C32 M16 Y37 K0
R186 G196 B169

C16 M53 Y14 K0
R213 G142 B170

C0 M0 Y0 K0
R255 G255 B255

*Good Housekeeping*是一本美国销量最高的家庭生活杂志,也是被称为"主妇圣经"的热门杂志。杂志主要销售方向是美国中等城市没有太多的感情纠葛、困扰,相对稳定,主要目标读者是年龄在40~60岁的中年女性。因为针对的是家庭主妇,所以杂志的设计注重家庭温馨,带给人幸福的阅读感觉。

1.13 │ 母婴

母婴杂志，顾名思义是以母婴为主要对象的杂志，杂志涉及孕期和孕期后的妇女及婴儿的保健护理、饮食搭配、母婴用品推荐等，内容全面细致，针对性强。杂志设计都充满温馨的感觉，色彩柔和舒适，令人阅读时拥有幸福感。

	C7 M63 Y6 K0 / R227 G125 B168
	C69 M61 Y46 K2 / R99 G102 B117
	C42 M21 Y55 K0 / R164 G179 B130
	C67 M14 Y29 K0 / R76 G170 B180
	C62 M76 Y87 K42 / R85 G52 B35

*Fit Pregnancy*是一本美国的母婴杂志，也是唯一致力于孕妇及产后妇女健康和健身的杂志。新生婴儿的健康问题至关重要，杂志提供安全训练、营养指导、膳食计划，以及最新的医疗新闻，杂志的受众群体是孕期及孕后的妇女。杂志整体色彩丰富，带给你幸福的阅读氛围。

C9 M7 Y7 K0
R237 G237 B236

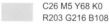
C26 M5 Y68 K0
R203 G216 B108

C73 M19 Y7 K0
R40 G160 B209

C28 M56 Y60 K0
R193 G129 B98

C0 M0 Y0 K100
R0 G0 B0

*baby talk*是一本美国的育儿杂志，是亲子教养杂志的"先驱"。该杂志提供父母养育一个健康快乐的孩子所需的一切资讯，理论与实践结合，包括儿童健康及教养新知、父母的经验交流、亲子活动游戏等，适合新晋父母仔细阅读。杂志设计颜色温和舒适，版面大方简单，处处带给你温馨幸福的感觉。

C78 M25 Y52 K0
R30 G145 B133

C10 M78 Y89 K0
R220 G89 B38

C22 M60 Y70 K0
R204 G124 B79

C38 M61 Y69 K0
R173 G116 B83

C0 M0 Y0 K0
R255 G255 B255

*Pregnancy & Newborn*是一本美国的母婴杂志，内容包括婴儿护理、孕装潮流和健康知识，教你带给宝宝最温和的护理及帮助自己在身体和精神方面都达到最佳状态，是新妈妈的最佳参考。杂志保持了母婴杂志的一贯风格，柔和的色彩，可爱的孩子图片，都是不可或缺的元素。

1.14 │ 育儿

育儿杂志目的是引导读者掌握对子女的教育与相处之道。杂志内容丰富全面，有启发家长的教育方式，还有儿童的饮食服装等，专为幼儿父母量身打造。杂志设计也充满家庭温馨，趣味性强，适合父母与孩子共同阅读。

	C36 M2 Y14 K0 R172 G217 B223
	C55 M3 Y23 K0 R114 G196 B201
	C8 M65 Y38 K0 R225 G118 B123
	C0 M0 Y0 K100 R0 G0 B0
	C0 M0 Y0 K0 R255 G255 B255

*Today's Parent*是一本加拿大著名的家教杂志。杂志为父母提供教育子女的良方，还提供有关孩子的健康、饮食等方面的内容，目的是帮助家长更好地教育培养孩子，是专为拥有不同年龄段孩子们的父母所准备的。杂志采用明亮阳光的色彩、丰富饱满的版式，整体风格充满欢乐和温情。

C7 M96 Y59 K0
R220 G29 B73

C34 M54 Y61 K0
R181 G130 B99

C61 M80 Y94 K46
R83 G45 B26

C17 M31 Y13 K0
R216 G187 B199

C0 M0 Y0 K0
R255 G255 B255

*Family Fun*是一本美国亲子杂志。该杂志会推荐一些家庭活动，如家庭旅游、聚会计划、学习项目等，启发家长的育儿方式，保持家庭魅力，并提供儿童用品、玩具等资讯，杂志针对12岁以下儿童的家庭。天真烂漫的色彩搭配和充满创意的字体设计让杂志设计充满童趣，带给家庭欢乐的阅读氛围。

C0 M67 Y1 K0
R236 G116 B168

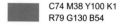
C74 M38 Y100 K1
R79 G130 B54

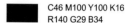
C46 M100 Y100 K16
R140 G29 B34

C16 M32 Y35 K0
R218 G183 B160

C0 M0 Y0 K0
R255 G255 B255

*Parenting Early Years*是一本美国的育儿杂志。杂志提供培养儿童的建议，内容丰富，从饮食到穿着打扮、宝宝的健康等皆有，让你从阅读中获取知识，享受作为一个母亲的乐趣，主要阅读对象是幼儿母亲。杂志设计通过变换丰富的色彩，加上馨的家庭照片，营造出欢乐的家庭氛围。

第2章 │ 新闻娱乐

2.1 │ 新闻

新闻杂志是对时事报道做特写，普遍较报纸报道更深入，以期让读者了解周遭重大事件的背景，而不限于事实表面。新闻杂志的报道方式也影响了其他领域的传媒。杂志设计没有固定模式，应根据杂志自身的风格进行相应的编排。

C20 M73 Y91 K0
R205 G98 B39

C28 M93 Y96 K0
R188 G52 B36

C85 M78 Y57 K26
R52 G59 B78

C0 M0 Y0 K100
R0 G0 B0

C0 M0 Y0 K0
R255 G255 B255

*Der Spiegel*是一本德国的新闻杂志。该杂志注重调查性报道，敢于揭露政界内幕和社会弊端，在国内外有相当大影响。杂志的阅读群体非常广泛，自称是"德国最重要的且在欧洲发行量最大的新闻周刊"。杂志风格简单大气，版面设计有自己的特色，在设计上有着新闻杂志的严谨度。

C82 M68 Y36 K0
R65 G87 B126

C63 M13 Y55 K0
R100 G173 B136

C13 M5 Y79 K0
R233 G226 B72

C15 M73 Y12 K0
R211 G98 B148

C38 M36 Y60 K0
R173 G159 B112

*The New Yorker*是一本美国的新闻杂志。杂志刊登新闻、小说和评论，精于透析文化动脉，在政治、文学、艺术各领域中充当思潮流行的"先驱"角色，以持久的文学风格换取全球欣赏者的崇敬之心。杂志的设计保持一贯严肃的风格，采用简单细致的排版，封面多采用手绘漫画的形式也是其特色之一。

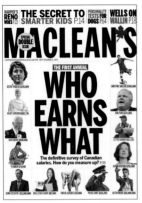

C24 M99 Y100 K0
R195 G29 B31

C91 M64 Y9 K0
R2 G89 B160

C5 M27 Y75 K0
R243 G195 B79

C0 M0 Y0 K100
R0 G0 B0

C0 M0 Y0 K0
R255 G255 B255

*Maclean's*是一本加拿大的新闻杂志，定位是"关乎加拿大人的一切"。在一定程度上，该杂志充当着加拿大在新闻时事杂志领域的门脸，杂志的阅读群体广泛。杂志设计有新闻杂志的严谨，但是版面变化多，不会显得呆板无趣。

C100 M89 Y33 K1
R12 G56 B115

C93 M70 Y14 K0
R0 G80 B149

C24 M95 Y95 K0
R196 G43 B36

C43 M63 Y54 K0
R162 G110 B104

C0 M0 Y0 K0
R255 G255 B255

*U.S. News&World Report*以专题报道美国国内外问题及美国官方人物访问而显其特色。除着重报道国际、国内新闻外，内容侧重政治、经济和军事述评，栏目较少，内容较严肃，每期内容约有五分之二是针对世界一定地区专门问题的报道，杂志的阅读群体广泛。杂志设计风格相对保守严谨，注重细节。

C61 M7 Y34 K0
R98 G183 B177

C35 M3 Y19 K0
R176 G216 B212

C9 M18 Y25 K0
R235 G214 B191

C25 M60 Y11 K0
R196 G124 B165

C70 M92 Y63 K41
R74 G32 B54

*Newsweek*是一本美国时事杂志。该杂志主要报道和评论国际时事及美国国内政治动态，其时政评论赢得了众多的荣誉，语言生动，是美国时政杂志中因优秀评论而获得荣誉最多的周刊，目前已经发展为一个全方位新闻类杂志，杂志阅读者广泛。版面设计留白较多，使阅读者不会感到文字过多而产生疲劳。

C79 M54 Y8 K0
R59 G108 B172

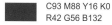
C93 M88 Y16 K0
R42 G56 B132

C75 M67 Y52 K9
R83 G86 B101

C6 M95 Y87 K0
R223 G37 B39

C0 M0 Y0 K0
R255 G255 B255

*The Economist*是一本英国的新闻杂志。该杂志主要关注政治和商业方面的新闻，每期也有一两篇针对科技和艺术的报道，大多数文章写得机智、幽默，严肃又不失诙谐，杂志将读者定位为高收入、富有独立见解和批判精神的社会精英。杂志设计严谨，将版面分为三栏，内容丰富，信息量大。

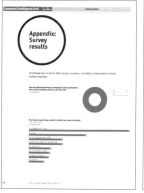

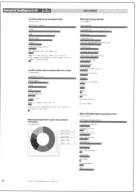

C20 M15 Y16 K0
R212 G212 B210

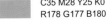
C35 M28 Y25 K0
R178 G177 B180

C28 M29 Y29 K0
R194 G181 B173

C2 M95 Y78 K0
R229 G37 B49

C0 M0 Y0 K100
R0 G0 B0

*Time*是一本美国影响力最大的新闻杂志，宗旨是要使"忙人"能够充分了解世界大事。该杂志辟有多种栏目，是美国第一份用叙述体报道时事的杂志，读者主要是中产阶级和知识阶层。以红色边框作为杂志标准色延续色彩设计，用简洁的设计语言表达丰富的主题内容，任何细节都力求为主题服务。

2.2 │ 影视

影视杂志旨在向读者介绍与影视相关的信息。杂志包括电影、电视等分类，内容涉及影视最新消息、明星专访，还有幕后制作等相关内容，使读者对影视有全面了解。杂志设计大多画面精美，内容丰富多样，以此吸引读者阅读。

影视 | 指南

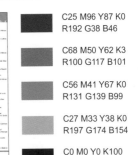

C25 M96 Y87 K0
R192 G38 B46

C68 M50 Y62 K3
R100 G117 B101

C56 M41 Y67 K0
R131 G139 B99

C27 M33 Y38 K0
R197 G174 B154

C0 M0 Y0 K100
R0 G0 B0

*POST*是一本美国的影视杂志，是一本出色的电影娱乐产业指南性刊物。该杂志致力于最具活力的娱乐产业——电影制作，包括新电影推荐及技术的专业建议等，杂志的读者包括一些专业电影人士和热爱电影的业余人士。杂志设计简洁大方，没有过多烦琐得修饰，注重细节处理。

C67 M55 Y51 K2
R104 G112 B115

C85 M72 Y58 K24
R48 G67 B81

C45 M100 Y88 K15
R143 G29 B43

C99 M89 Y53 K23
R12 G47 B80

C51 M33 Y29 K0
R138 G156 B166

*Cineplex*是一本加拿大的电影杂志。杂志内容包括对影视界的人物采访介绍、影视介绍、幕后故事、电影时间表和红地毯时尚的独家采访，杂志的阅读群体广泛。杂志设计图片相对较多，高质量的摄影图片配以简洁的文字介绍，使读者阅读起来更加轻松愉悦。

C7 M11 Y21 K0
R241 G229 B206

C42 M31 Y29 K0
R163 G167 B170

C53 M59 Y62 K2
R140 G111 B96

C42 M56 Y74 K0
R164 G122 B78

C0 M0 Y0 K100
R0 G0 B0

*Emmy*是一本美国的电视杂志，是电视艺术与科学学院的官方杂志。它不仅涵盖电视明星的官方介绍，还包括对幕后工作的报道，并探讨未来的电视发展，以及汇报最新的拍摄工具和技术的进步，读者范围广泛。杂志设计上版面周围留有空白，保证了画面的空间感，让人体验舒适的阅读感受。

C76 M26 Y11 K0
R26 G148 B198

C94 M77 Y33 K0
R24 G73 B123

C18 M98 Y89 K0
R204 G29 B40

C8 M12 Y87 K0
R241 G217 B36

C0 M0 Y0 K100
R255 G255 B255

*TV Guide*是一本美国的电视杂志，其涉猎范围十分广泛，包括对电影、音乐、体育、天气、政治、文学、艺术、科技、社会问题等节目的预告与评论，同时由专家向您推荐当前最值得收看的节目，适合家庭订阅。杂志设计色彩搭配丰富，图片与文字穿插，带给人欢快的阅读氛围。

C62 M22 Y34 K0
R102 G163 B167

C23 M24 Y69 K0
R208 G189 B98

C76 M56 Y91 K21
R71 G92 B53

C45 M10 Y18 K0
R148 G196 B206

C69 M82 Y83 K57
R58 G33 B28

*Sight & Sound*是一本英国的电影杂志。该杂志致力于评论每个月发行的所有电影，包括那些在小影院放映的电影，切入点与竞争对手的主旋律相反，每十年还会让电影专业人投票选出近十年间最伟大的电影，读者范围广泛。杂志版面简洁统一，形成稳定的版式特征，整体朴素大方没有复杂的装饰。

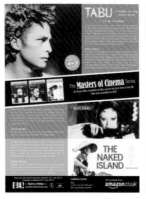

2.3 | 音乐

音乐杂志以音乐为主题进行相关报道，音乐风格不同，杂志风格也各不相同，种类繁多，内容涉及广泛，但都围绕音乐这一宗旨展开。流行音乐及摇滚类杂志相对较多，根据其风格，版面设计相对较大胆夸张，图片吸引力强。

C5 M93 Y87 K0
R224 G47 B38

C39 M23 Y18 K0
R167 G183 B195

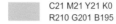

C21 M21 Y21 K0
R210 G201 B195

C93 M87 Y43 K8
R39 G56 B101

C0 M0 Y0 K0
R255 G255 B255

*Rolling Stone*是一本美国音乐杂志。该杂志起初定位是报道与推广嬉皮文化，但不愿被视作"地下杂志"，现时杂志主要刊载有关电影、电视和流行音乐等的资讯，读者包括喜欢音乐及流行的年轻人。杂志设计用色大胆、动感十足，充满青春、时尚的感觉。

音乐 | 激情

C28 M3 Y2 K0
R191 G225 B244

C48 M4 Y4 K0
R136 G203 B235

C93 M85 Y39 K4
R39 G60 B108

C0 M0 Y0 K100
R0 G0 B0

C0 M0 Y0 K0
R255 G255 B255

*Billboard*是一本美国的音乐杂志，也是专业性的流行音乐排行榜杂志。该杂志内容包括唱片界的新闻与广告、歌曲评论、专栏专区等，还包括各类流行项目的榜单信息与名次的排行统计专业职权，杂志读者多是热爱流行音乐的年轻人。杂志设计具有自己的特色，色彩丰富，富有激情。

C40 M7 Y31 K0
R164 G204 B185

C76 M69 Y66 K29
R68 G68 B69

C23 M37 Y53 K0
R205 G168 B124

C0 M0 Y0 K100
R0 G0 B0

C0 M0 Y0 K0
R255 G255 B255

*Guitarist*是一本英国的音乐杂志，被誉为"吉他教学圣经"。该杂志每回以"经典名曲回顾"、"流行人气新曲"等不同单元作为训练课程，得以同时发展爵士与摇滚两种乐风，还有对摇滚人的采访，如同名师陪伴、指导，杂志读者都是喜爱吉他弹奏的新手。杂志色彩丰富，有很多吉他的摄影图片，设计新鲜时尚。

音乐 | 亮丽

C55 M24 Y50 K0
R128 G165 B137

C84 M46 Y87 K7
R39 G111 B69

C5 M22 Y87 K0
R244 G203 B36

C0 M0 Y0 K0
R255 G255 B255

C0 M0 Y0 K100
R0 G0 B0

*Guitar Player*是一本美国的专业吉他杂志。该杂志致力于吉他的训练与教学，通过采访顶尖的艺术家及录音提示等方式进行教学训练，还有相关产品介绍和采访，是专为吉他爱好者及初学者准备的。杂志设计版面变换多样，色彩亮丽丰富，带给你动感、有节奏的阅读感受。

C7 M87 Y91 K0
R223 G67 B34

C45 M100 Y100 K14
R144 G29 B34

C7 M26 Y89 K0
R238 G193 B30

C53 M58 Y79 K6
R137 G109 B69

C0 M0 Y0 K100
R0 G0 B0

*Metal Hammer*是一本英国的金属乐杂志。该杂志在评论全球范围内活跃的金属乐队及其最新的专辑方面堪称权威，每一期都有大牌乐队接受采访，且所挑选的专辑往往会被乐迷追捧并最终成为经典，是为喜爱金属乐的读者准备的。杂志设计充满了金属乐的感觉，翻开每一页均能带给你强烈的视觉冲击。

C21 M6 Y12 K0
R210 G226 B225

C62 M45 Y46 K0
R115 G130 B130

C11 M98 Y90 K0
R215 G25 B36

C75 M71 Y62 K24
R75 G71 B76

C0 M0 Y0 K100
R0 G0 B0

NME（*The New Musical Express*）是一本英国的音乐杂志。该杂志因在20世纪90年代另类音乐及新世纪独立音乐传播中所做出的贡献，而赢得了相当好的口碑，是英国最全面的音乐演出指南，读者多是热爱音乐的人。杂志设计质感十足，充满时尚感的设计元素，让人阅读起来倍感愉悦。

C9 M14 Y29 K0
R236 G221 B189

C33 M36 Y54 K0
R184 G162 B122

C62 M64 Y62 K10
R113 G95 B89

C46 M91 Y100 K16
R140 G48 B34

C91 M71 Y62 K30
R23 G63 B73

*Classic Rock*是一本英国的摇滚杂志，也是全球仅有的传统摇滚鉴赏杂志，给大家提供前卫摇滚、经典摇滚的介绍。杂志经历了前卫摇滚的复兴，现在已经成为备受人尊敬的摇滚杂志，适合每一位热爱西方经典摇滚乐的乐迷。杂志的设计也有自己的独特个性，内容丰富，版面细节设计精细。

2.4 │ 娱乐

娱乐杂志主要以介绍明星八卦新闻、影视资讯为主。杂志风格在设计上推崇新颖性、时尚性，通过快速捕捉电影明星行踪和影片动态并配以大量精美的图片和娱乐性文字，使读者能够及时了解相关娱乐信息，注重影视信息的时效性。

C21 M100 Y96 K0
R199 G22 B33

C51 M25 Y4 K0
R135 G170 B212

C20 M98 Y36 K0
R200 G19 B98

C11 M49 Y81 K0
R226 G151 B59

C11 M13 Y88 K0
R234 G214 B38

Heat是一本美国的娱乐杂志。杂志以名人新闻、小道消息等为内容推向大众，在短短时间内就迅速占领自己的读者市场，还有音乐、电影、服饰方面的内容，杂志读者广泛。杂志通过丰富的内容和色彩，营造出热闹欢乐的氛围来吸引读者阅读。

C16 M95 Y12 K0
R205 G29 B124

C8 M1 Y85 K0
R244 G235 B44

C41 M8 Y70 K0
R167 G198 B105

C88 M52 Y100 K20
R21 G93 B49

C53 M70 Y78 K15
R128 G85 B62

*Us Weekly*是一本美国的名人八卦杂志，专注于挖掘娱乐圈名人八卦，时常能挖掘出让明星恼火的新闻。虽说是八卦杂志，但刊物涵盖主题丰富，从名人的关系到时尚、美容的最新趋势及娱乐等，应有尽有，适合喜爱明星八卦的读者阅读。杂志版面夸张又很饱满，给人热闹、丰富的感觉。

C9 M0 Y85 K0
R243 G235 B48

C36 M84 Y16 K0
R174 G67 B132

C35 M13 Y7 K0
R175 G202 B223

C77 M30 Y7 K0
R24 G142 B198

C0 M0 Y0 K0
R255 G255 B255

OK! 是一本英国的娱乐杂志，也是全球发行量最大、关于名人生活方式的明星杂志，能为您带来最及时的全球明星名人故事与风格图片，适合对名人生活感兴趣的读者阅读。杂志风格符合娱乐杂志的定位，夸张的版式，丰富的色彩，都满足了读者娱乐的心理需求。

娱乐｜畅快

C12 M97 Y91 K0
R214 G30 B36

C70 M12 Y16 K0
R52 G171 B203

C9 M5 Y86 K0
R240 G227 B42

C84 M70 Y42 K4
R58 G83 B115

C0 M0 Y0 K0
R255 G255 B255

Hello! 是一本英国的娱乐杂志，通过与名流建立相互支持的关系，寻求与明星名人的特色合作，更有明星走秀新闻及他们的街拍等时尚资讯，是为喜欢娱乐的人准备的杂志。杂志拥有大篇幅高品质的图片，并且没有大量需阅读的文字，使读者阅读起来更加舒适畅快。

C7 M95 Y85 K0
R221 G37 B41

C9 M2 Y86 K0
R242 G234 B42

C9 M95 Y5 K0
R216 G20 B129

C0 M0 Y0 K100
R0 G0 B0

C0 M0 Y0 K0
R255 G255 B255

*Star*是一本美国的明星杂志，专注于为您带来最新和最热门的名人新闻。除了提供名人从生活方式到情感生活的最新资讯以外，该杂志还包括最新的流行时尚、电影、书籍、DVD等，喜欢娱乐的朋友不要错过这本杂志。杂志采用艳丽的颜色、夸张的版式，内容丰富、信息量大也是杂志的特色。

第3章 | 商业财经

3.1 | 商管

商管类杂志致力于报道商业、财经、管理资讯，富有前瞻性，给专业人士提供全面的管理见解，告诉读者如何在全球商务领域中竞争。杂志设计风格多保持理性，没有过多修饰，内容全面丰富。

C11 M95 Y42 K0
R214 G33 B93

C7 M9 Y83 K0
R244 G223 B55

C10 M57 Y87 K0
R225 G133 B43

C0 M0 Y0 K100
R0 G0 B0

C0 M0 Y0 K0
R255 G255 B255

*Harvard Business Review*是一本美国的商业杂志，也是哈佛商学院的标志性杂志。该杂志致力于给全世界的专业管理人士提供缜密的管理见解和最好的管理实践，并期望对他们及其机构产生积极的影响，是为企业管理者准备的专业杂志。杂志设计没有花哨的排版和复杂的装饰，表现出了杂志本身的睿智和理性。

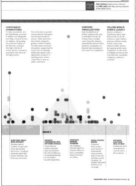

	C15 M13 Y53 K0 R225 G214 B139
	C15 M23 Y87 K0 R224 G194 B46
	C59 M16 Y32 K0 R111 G174 B175
	C45 M11 Y26 K0 R151 G194 B191
	C0 M0 Y0 K100 R0 G0 B0

*Fast Company*是一本美国的商业杂志，为欲创造财富和变革商业的人士提供指南。杂志提供有关规模管理、主导议题和技术的最新思想，企业管理者是杂志的主要目标群体。杂志在版面设计上留白较多，不会让人感觉到文字太多而产生厌烦。

C12 M15 Y12 K0
R228 G218 B217

C81 M50 Y15 K0
R47 G113 B168

C51 M42 Y40 K0
R142 G142 B142

C0 M0 Y0 K100
R0 G0 B0

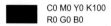
C0 M0 Y0 K0
R255 G255 B255

*MIT Technology Review*是一本美国专业的科技商业杂志，以推介、评析科技创新为宗旨，展示最新科技成果及其商业潜能，内容涉及互联网、通信、计算机技术、商务科技等领域，适合创业者和商业领袖阅读。杂志设计简洁大气，没有多余的色彩和装饰，给人一种理智、专业的感觉。

C13 M19 Y50 K0
R229 G207 B141

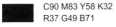

C90 M83 Y58 K32
R37 G49 B71

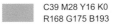

C39 M28 Y16 K0
R168 G175 B193

C24 M48 Y49 K0
R200 G146 B122

C0 M0 Y0 K100
R0 G0 B0

*Bloomberg Businessweek*是一本美国的商业杂志，深入报道现今的商业、财经、管理趋势，并以精准、专业的分析和预测赢得了各界商业人士的信任，帮助读者在复杂的经济社会中找到成功之道，杂志的读者都是追求成功的商业人士。杂志版面设计很满，每一页面都有小的色块进行点缀，使读者阅读起来轻松愉悦。

C57 M47 Y48 K0
R128 G130 B125

C69 M63 Y54 K7
R99 G95 B101

C15 M6 Y86 K0
R229 G222 B49

C0 M0 Y0 K100
R0 G0 B0

C0 M0 Y0 K0
R255 G255 B255

*Forbes*是一本美国的主要经济与商业杂志，主要报道美国工商业大公司的经营情况，评论美国国内外经济与商业问题，还有工商大企业的管理者言论。杂志前瞻性强，较为著名的是福布斯富豪榜，杂志阅读者范围广泛。杂志多采用鲜艳的颜色，版式变换多样，有助于吸引视线、突出主题。

商管｜变化

C63 M50 Y45 K0
R113 G122 B127

C98 M84 Y25 K0
R14 G62 B126

C5 M95 Y7 K0
R222 G22 B128

C0 M0 Y0 K100
R0 G0 B0

C0 M0 Y0 K0
R255 G255 B255

*EntrePreneur*是一本美国的商业杂志。杂志的内容涉及科技、理财、销售和领导等，有两百多种不同种类的主题，包括特许经营、积累财富、创建企业、销售及家族企业等，杂志的观众主要是小型企业主。版面设计分为三方块的分疆，又于分疆中有图片穿插使其变化，使杂志看起来活泼、不死板。

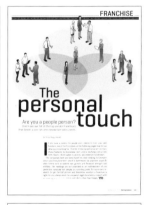

C61 M25 Y5 K0
R102 G162 B209

C37 M16 Y5 K0
R170 G195 B223

C16 M15 Y15 K0
R220 G215 B211

C0 M0 Y0 K100
R0 G0 B0

C0 M0 Y0 K0
R255 G255 B255

*Inc.*是一本美国的商管杂志，是目前美国唯一以发展中的私营企业管理层为关注点的主流商业报刊，为当今的企业创新提供实际解决方案，以及为企业管理层提供实践工具和市场发展策略，是为发展中的企业管理者量身准备的。杂志设计干净清爽，主题突出，内容丰富，给人稳定、平稳的感觉。

3.2 | 理财

理财杂志是为读者提供最新、最及时的全球市场资讯，以独特的视角、深度的洞察力报道和分析金融策略、行业动态，为读者投资理财提供有价值的建议。理财杂志设计风格多给人睿智、理性的感觉，不会因其主题而显得死板。

C20 M100 Y99 K0
R200 G22 B30

C80 M42 Y98 K3
R54 G121 B58

C99 M83 Y24 K0
R0 G63 B128

C48 M13 Y10 K0
R139 G189 B216

C93 M70 Y43 K4
R15 G80 B113

*Kiplinger's Personal Finance*是一本美国的理财杂志。该杂志给读者提供关于储蓄、投资、退休计划、购买汽车等信息的实际指导，以及现阶段财务生活的可靠建议，读者多是富裕或有影响力的成功人士。杂志设计色彩及版面变化丰富，阅读起来不会枯燥。

C16 M85 Y72 K0
R209 G70 B64

C7 M4 Y66 K0
R244 G234 B110

C2 M4 Y17 K0
R252 G246 B221

C69 M16 Y13 K0
R60 G166 B205

C0 M0 Y0 K100
R0 G0 B0

*Money Sense*是一本加拿大的金融理财杂志，是加拿大最值得信赖的投资理财信息来源。杂志提供给读者投资、储蓄计划、保险、教育储蓄、房地产投资、购车等最全面的信息，是专为成功人士提供的专业杂志。杂志内容丰富，色彩搭配舒适，小插画的搭配，增强了杂志的生动性。

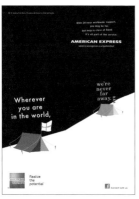

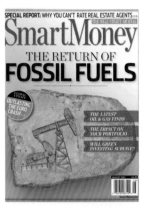

	C62 M50 Y43 K0 R116 G123 B131
	C36 M25 Y20 K0 R176 G183 B190
	C21 M91 Y93 K0 R200 G56 B37
	C38 M46 Y92 K0 R175 G140 B48
	C0 M0 Y0 K100 R0 G0 B0

*Smart Money*是一本美国的理财杂志，是世界权威财经杂志之一。杂志内容包括华尔街的个人理财投资分析与建议，还有理财工具类及财经人物和事件的报道，目标读者是需要针对个人的专业金融信息及管理业务的人。杂志的版面及用色都给人一种深沉、睿智的感觉，版式保守但不沉闷。

3.3 | 汽车

汽车杂志凭借权威的行业背景、专业的采编队伍和敏锐的市场洞察力，致力于提供最新、最权威、最全面、最客观的汽车资讯，主要目标群体是爱车人士。杂志设计普遍视觉冲击力强，整体风格充满激情与动感。

C70 M40 Y56 K0
R89 G132 B118

C81 M65 Y67 K27
R54 G74 B71

C31 M24 Y24 K0
R186 G186 B186

C0 M0 Y0 K100
R0 G0 B0

C0 M0 Y0 K0
R255 G255 B255

*Top Gear*是一本英国的汽车杂志。杂志以突破传统为创刊目的，拥有大量意想不到的趣味专题、贴近生活的取材、年轻又极具动感的版面。从F1赛车手到资深车痴，包括刚考取驾驶证的驾驶者都是杂志的爱好者。杂志设计质感十足，大篇幅的汽车摄影图片和鲜亮的色彩，带给人很强的视觉冲击。

C14 M93 Y80 K0
R211 G46 B50

C50 M90 Y80 K21
R128 G48 B51

C25 M24 Y25 K0
R201 G198 B185

C36 M36 Y37 K0
R177 G163 B152

C0 M0 Y0 K100
R0 G0 B0

*Car and Driver*是一本美国的汽车杂志，也是全球发行量最大的汽车杂志。其报道从消费者角度出发，提供车辆的性能评比及市场分析等，每期还有各种新车信息发布，以融合着讽刺幽默和技术可靠性的风格呈现，汽车的爱好者都是杂志的目标群体。杂志设计大气考究，给人力量和动感的双重感觉。

C44 M100 Y100 K13
R146 G30 B34

C21 M79 Y88 K0
R202 G84 B44

C95 M75 Y12 K0
R0 G73 B146

C0 M0 Y0 K100
R0 G0 B0

C0 M0 Y0 K0
R255 G255 B255

What Car? 是一本英国的汽车消费杂志。英国是个汽车大国，对汽车要求非常严格，所以杂志主要介绍汽车的款式、汽车的容量和空间布置及汽车美容和护理等，适合有车和爱车人士阅读。杂志内容丰富，在设计上突出了汽车的动感，版面给人一种杂而不乱的感觉。

C12 M94 Y79 K0
R213 G44 B51

C73 M57 Y6 K0
R86 G107 B171

C61 M48 Y37 K0
R118 G126 B140

C71 M63 Y64 K16
R89 G88 B84

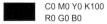
C0 M0 Y0 K100
R0 G0 B0

*Autocar*是一本新西兰的汽车杂志，也是新西兰最精彩的汽车杂志。杂志目标是提供最新、最权威、最全面、最客观的汽车资讯，内容包括国内及国际市场上最新的汽车新闻和评论，是专为汽车爱好者准备的。杂志在版面设计上围绕主题，大量大篇幅的汽车图片，带给人动感十足的感觉，整体风格时尚活泼。

C42 M38 Y40 K0
R164 G155 B146

C68 M58 Y52 K4
R102 G105 B109

C70 M62 Y100 K30
R80 G79 B36

C56 M43 Y33 K0
R129 G137 B152

C0 M0 Y0 K0
R255 G255 B255

*Road&Track*是一本美国的很受欢迎的汽车杂志，公路和赛道上的车型都是这本杂志所关注的。与美国其他的主流汽车杂志不同，该杂志对汽车赛事和摩托车运动倾注了相当大的热情，是汽车爱好者的优质读物。杂志结构清晰，灵活、协调的版面，增强了杂志风格的活跃性。

3.4 | 收藏

收藏杂志旨在为读者提供最新、最具价值的收藏资讯，内容涉及古董、珠宝、钱币等具有收藏价值的物品。杂志设计突出主题，版面尽显简洁、高端，让读者感受到品位与质量的保障。

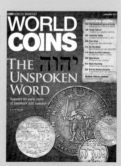

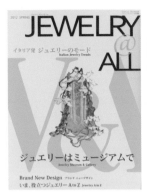

C25 M10 Y5 K0
R200 G217 B232

C51 M17 Y10 K0
R133 G182 B212

C53 M27 Y7 K0
R129 G166 B206

C48 M98 Y88 K22
R130 G31 B41

C15 M35 Y92 K0
R222 G173 B28

*Jewelry All*是一本日本的珠宝杂志，囊括了宝石选购、收藏、搭配与欣赏及珠宝设计作品等内容，能满足不同程度的读者需求。该杂志针对珠宝爱好者，尤其是女性珠宝爱好者。杂志设计凸显珠宝的华贵与时尚，简单大气的排版，增强了杂志的品位与质感。

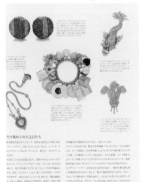

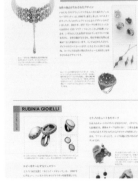

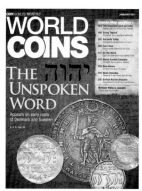

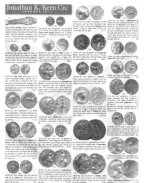

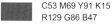

C53 M69 Y91 K15
R129 G86 B47

C6 M15 Y85 K0
R244 G214 B48

C13 M29 Y55 K0
R227 G189 B125

C36 M41 Y38 K0
R177 G153 B147

C0 M0 Y0 K0
R255 G255 B255

World Coins 是一本美国的专业世界钱币收藏资讯类杂志，介绍世界各国十分具有收藏价值和投资价值的珍贵钱币，是钱币收藏爱好者和投资者不可多得的杂志。杂志设计简洁大气，在版面编排上将钱币扩大化处理，加强了视觉冲击力，能够调动起读者的阅读兴趣。

C15 M20 Y24 K0
R222 G206 B191

C13 M16 Y80 K0
R230 G207 B67

C38 M44 Y81 K0
R175 G144 B70

C36 M88 Y14 K0
R173 G57 B131

C0 M0 Y0 K100
R0 G0 B0

*Art+Auction*是一本美国的收藏杂志，是国际艺术收藏家的圣经。作为美术、古董、珠宝等高端收藏品的世界权威杂志，涵盖了来自世界各地的最新消息，是专为艺术爱好者和收藏家量身打造的杂志。杂志围绕艺术品这个主题，设计典雅大方，让读者阅读起来心情轻松、愉悦。

4.1 │ 计算机

计算机杂志主要阅读群体为计算机用户，目的是向读者提供业界新闻、产品评论、软硬件的更新及技术指导等。杂志设计风格大多较时尚、前卫、新颖，为体现主题的科技感与变化感，版面变化也非常多。

	C16 M44 Y9 K0 R216 G162 B189
	C45 M77 Y13 K0 R157 G81 B143
	C44 M100 Y32 K0 R160 G21 B104
	C33 M28 Y27 K0 R184 G179 B177
	C0 M0 Y0 K100 R0 G0 B0

*Mac Format*是一本英国最畅销的Mac杂志，具有实用性、权威性等特点。该杂志致力于涵盖Mac、iPod和iPhone等苹果公司的产品及技术上的帮助和建议，每期都会有专业的测评，并介绍一些实用配件等，是苹果产品消费者的最佳选择。杂志整体风格时尚新颖，版式变换多样，色彩搭配新鲜亮丽。

C9 M4 Y86 K0
R242 G229 B41

C22 M79 Y98 K0
R201 G83 B28

C67 M77 Y78 K46
R72 G48 B42

C0 M0 Y0 K100
R0 G0 B0

C0 M0 Y0 K0
R255 G255 B255

*Mac Fan*是一本日本的介绍苹果产品的杂志。该杂志不仅介绍Mac，还详细介绍了苹果的其他产品。每期封面的女主角都会在杂志里对其进行采访，当然采访的重点也是关于苹果产品的爱好者。杂志设计充满了日系时尚风格，内容非常丰富，在细节处理上尤为精细。

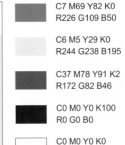

C7 M69 Y82 K0
R226 G109 B50

C6 M5 Y29 K0
R244 G238 B195

C37 M78 Y91 K2
R172 G82 B46

C0 M0 Y0 K100
R0 G0 B0

C0 M0 Y0 K0
R255 G255 B255

*Mac World*是一本美国的电脑杂志，主要专注于苹果电脑，介绍最新的苹果软件、新闻、使用方法等，在北美地区发行量很大，在全球很多国家拥有不同版本，是为苹果电脑爱好者提供的专业杂志。杂志本身具有品牌特色，设计简洁大方，色彩搭配清爽舒适，给人带来轻松的阅读感受。

C16 M96 Y88 K0
R208 G35 B41

C40 M100 Y100 K5
R163 G32 B36

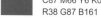

C87 M66 Y6 K0
R38 G87 B161

C25 M18 Y22 K0
R201 G201 B195

C0 M0 Y0 K0
R255 G255 B255

*Computer Shopper*是一本英国的电脑采购杂志。该杂志提供独立的采购资讯、数百个产品评论及购买电脑的技巧，每一期的DVD光盘中还包含杂志内容提及的软件、游戏、视频和照片，是专为购买电子产品的人士提供的实用杂志。杂志版式统一，版面整齐，用红、蓝色标题进行点缀，让整体风格显得时尚大气。

C43 M89 Y93 K9
R153 G56 B42

C0 M0 Y0 K100
R0 G0 B0

C0 M0 Y0 K0
R255 G255 B255

*Mac User*是一本英国的Mac计算机杂志。该杂志能给读者带来业界新闻、专业评论、软硬件的最新消息、教程及技术资讯等，是为专业人士及Mac用户而准备的。杂志设计不拘一格，每一章节都采用不同的颜色进行装饰，使杂志看起来既时尚又充满创意。

4.2 ┃ 电子

电子杂志是以电子产品为主要对象，为读者提供最新的电子产品信息及电子产品购买指南，同时杂志也包括一些新闻、时尚等大众感兴趣的话题。杂志版面设计丰富，内容全面，大量的电子产品介绍，让人目不暇接。

C13 M26 Y39 K0
R226 G195 B157

C80 M57 Y56 K8
R62 G99 B103

C22 M98 Y94 K0
R198 G33 B37

C14 M7 Y76 K0
R229 G221 B82

C0 M0 Y0 K100
R0 G0 B0

*PC Magazine*是一本美国著名的电子杂志，以产品和技术评测著称。作为一本以实验室产品评测为基础，以为广大中小企业用户和有实力的个人用户提供IT产品购买指导信息为目标的杂志，它是普通消费者和企业采购的很好参考。杂志的色彩搭配绚丽，时尚而有质感，整体设计带给人愉快的阅读感受。

电子|品质

C11 M32 Y69 K0
R230 G182 B91

C24 M71 Y91 K0
R198 G100 B41

C66 M35 Y11 K0
R94 G143 B189

C43 M49 Y54 K0
R163 G135 B114

C0 M0 Y0 K0
R255 G255 B255

T3是一本英国的电子产品杂志，内容包括产品展示、评论、测试、购买指南等，每期以出色的摄影图片和丰富的资讯、评论、特写等帮助读者与最新的消费电子产品保持同步，是为喜欢电子产品的读者准备的。杂志设计考究，每一页都将摄影图片与文字用到极致，带给读者品位的感受。

C73 M44 Y19 K0
R76 G127 B170

C88 M77 Y60 K31
R40 G56 B72

C25 M89 Y78 K0
R193 G61 B57

C0 M0 Y0 K100
R0 G0 B0

C0 M0 Y0 K0
R255 G255 B255

*CHIP*是一本德国的IT杂志，权威的产品测评与技术应用、丰富的实用内容（涉及数码相机、手机、计算机等），让创刊之初就已是德国计算机市场佼佼者的它，继续保持德国最受欢迎的IT技术杂志的桂冠，阅读者包括专业人士及IT技术爱好者。杂志设计简单大方有力道，稳定的排版方式，使杂志看起来大方时尚。

4.3 │ 通信

通信杂志旨在向读者介绍手机等通信电子产品及其他的电子数码产品，为读者提供最新信息及购买指南。杂志图片以产品为主，充满科技元素，突出杂志报道的主题元素。

C73 M17 Y15 K0
R37 G162 B201

C95 M77 Y64 K40
R5 G50 B62

C93 M69 Y58 K22
R9 G71 B85

C0 M0 Y0 K100
R0 G0 B0

C0 M0 Y0 K0
R255 G255 B255

*iPhone Tips,Tricks,Apps&Hacks*是一本英国的通信杂志。杂志介绍了iPhone的使用技巧、应用程序等，能让读者更加深入地了解自己的手机，堪称iPhone应用的终极指南，是专门针对iPhone手机用户的杂志。杂志版面设计干净清爽，版式统一，色彩清淡明亮，带给读者舒适的阅读感觉。

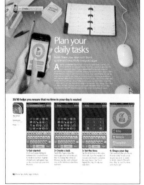

C47 M58 Y80 K3
R152 G115 B69

C65 M67 Y75 K25
R94 G77 B62

C8 M3 Y86 K0、
R233 G228 B47

C0 M0 Y0 K100
R0 G0 B0

C0 M0 Y0 K0
R255 G255 B255

*iPad&iPhone User*是一本英国的通信杂志。苹果产品在世界范围内的疯狂畅销，关于它的杂志也比比皆是。该杂志介绍了近期流行的配件及好玩的App软件，当然还有对软件的详尽评测，是专为"果粉"准备的杂志。杂志在设计上采用明快鲜艳的色彩，充满科技元素，给人新潮时尚的感觉。

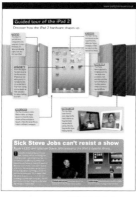

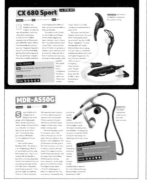

C66 M16 Y98 K0
R97 G163 B53

C88 M62 Y100 K44
R20 G62 B32

C9 M9 Y87 K0
R240 G221 B38

C13 M59 Y91 K0
R219 G129 B36

C0 M0 Y0 K100
R0 G0 B0

*Android Magazine*是一本英国的通信杂志，是尖端移动技术的终极指南。杂志内容包括最热门评论、最新的硬件及大量Android应用程序和游戏的深层见解，还有分享专业知识的教程，杂志的读者均是爱好电子和应用程序的专业人士及业余爱好者。杂志内容丰富，版面形式较多，多采用绿色来突出主题标识。

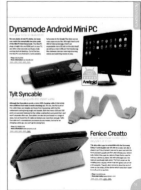

通信 | 青春

C19 M53 Y87 K0
R210 G138 B48

C29 M75 Y100 K0
R189 G90 B30

C56 M21 Y5 K0
R117 G171 B214

C0 M0 Y0 K100
R0 G0 B0

C0 M0 Y0 K0
R255 G255 B255

*HWM*是一本新加坡的通信杂志。该杂志内容涵盖各类数码产品资讯，涉及范围非常广泛，目前共有5个版本，是东南亚地区十分具影响力的计算机科技杂志，为数码爱好者的首选。杂志设计色彩绚丽，风格青春时尚，版式整齐有序，让人阅读起来心情舒畅。

C42 M12 Y93 K0
R166 G189 B47

C95 M76 Y19 K0
R7 G73 B138

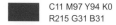
C11 M97 Y94 K0
R215 G31 B31

C46 M38 Y35 K0
R153 G153 B153

C0 M0 Y0 K100
R0 G0 B0

*PC Advisor*是一本英国的数码通信杂志。该杂志致力于报道最新的数码评论和新闻,并通过发布指导文章和了解实时论坛动态,为读者提供最好的技术支持,还提供专业、值得信赖的购买指南,是为数码爱好者提供的专业杂志。杂志设计朴素大气,没有过多修饰,标题采用鲜艳的颜色则能使版面活跃起来。

4.4 | 摄影

摄影杂志内容多以摄影作品分析、摄影技巧分享、摄影器材选择、作品后期调整等为主，摄影爱好者是该类杂志的主要受众群体。作为摄影杂志，高质量、专业的摄影图片是必不可少的；色彩的运用与版式的设计也非常讲究。

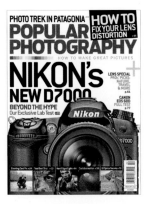

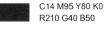
C14 M95 Y80 K0
R210 G40 B50

C8 M0 Y85 K0
R244 G226 B46

C55 M46 Y43 K0
R133 G133 B134

C0 M0 Y0 K100
R0 G0 B0

C0 M0 Y0 K0
R255 G255 B255

*Popular Photography*是一本美国的摄影杂志。该杂志覆盖面很广，深度介绍了当今最新的摄影器材、名家摄影作品及对器材的评点等，是摄影爱好者、摄影专业人士案上常备的摄影教材。杂志信息量大，用色大胆、独特，排版紧凑，高质量的图片增加了杂志的质感。

C40 M10 Y91 K0
R171 G193 B52

C73 M12 Y93 K0
R64 G162 B68

C84 M57 Y100 K30
R42 G80 B41

C4 M60 Y91 K0
R234 G130 B30

C0 M0 Y0 K0
R255 G255 B255

*Digital Camera World*是一本英国的摄影杂志。该杂志几乎没有纯理论性的文章，而是以大量篇幅介绍的拍摄技巧和电脑后期处理为主，注重实用性，是摄影初学者和摄影专业人士的首选。杂志版式设计精细，高清的摄影图片和文字经过精巧地排列后，形成了杂志独特的设计风格。

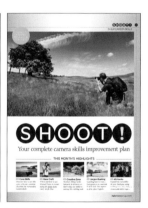

C74 M56 Y49 K2
R84 G106 B117

C78 M69 Y64 K28
R63 G69 B72

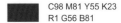
C98 M81 Y55 K23
R1 G56 B81

C10 M52 Y91 K0
R226 G143 B33

C0 M0 Y0 K100
R0 G0 B0

*Shutterbug*是一本美国的专业摄影杂志。随着消费型相机的功能越来越强大、有效像素越来越大，个性化及强调功能与照相乐趣的需求也在日益增加。该杂志为读者提供消费型相机拍摄技术评论，是为业余摄影爱好者出版的杂志。杂志有很多摄影图片，色彩明艳，版式设计构思突出强化主题。

	C41 M34 Y100 K0 R168 G158 B28
	C68 M60 Y100 K24 R90 G87 B39
	C37 M22 Y25 K0 R173 G186 B186
	C60 M44 Y33 K0 R117 G134 B151
	C13 M16 Y13 K0 R227 G217 B215

*Outdoor Photography*是一本美国的户外摄影杂志，主要介绍户外摄影知识、器材和技巧，同时提供旅游和户外运动信息。该杂志制作精良，定位高端，画面精美，是户外摄影爱好者必备杂志。杂志设计大气精美，版式细致，摄影图片唯美，带给人舒适的阅读享受。

	C14 M10 Y9 K0
	R226 G226 B228

	C69 M52 Y42 K0
	R97 G116 B131

	C14 M29 Y26 K0
	R223 G190 B178

	C13 M43 Y31 K0
	R222 G164 B157

	C0 M0 Y0 K0
	R255 G255 B255

*Professional Photographer*是一本英国的专业摄影杂志，在世界各地拥有一批专业的摄影师为其服务。该杂志报道关于摄影的最新新闻、专家评论及专业的技巧，目的是提高摄影爱好者的能力与技术，是为摄影爱好者打造的专业杂志。杂志风格清新明了，自然亮丽的色彩让人心情愉悦，专业的摄影图片也是必不可少的。

4.5 │ 音响

音响杂志是因音响的普遍存在和影响力，其技术及发展得到人们的关注，一部分群体对其热爱并追求，从而随之发展起来。该类杂志以音响产品的功能、发展为主要内容，专业性强，设计时尚亮丽，版面紧凑，充满节奏感。

C82 M42 Y12 K0
R15 G124 B179

C12 M95 Y87 K0
R213 G40 B41

C20 M18 Y18 K0
R211 G207 B204

C7 M10 Y87 K0
R243 G221 B37

C0 M0 Y0 K100
R0 G0 B0

*Hi-Fi Choice*是一本英国的音响杂志。该杂志特点是评论严谨客观、对器材的要求苛刻、有自己独特的评价方式。该刊每年会从全年测试的各类不同器材中评选出不同价位的"年度最佳器材",杂志的读者多是热爱音响的人士。杂志质感十足,版面紧凑,色彩搭配动感鲜艳,具有很强的阅读吸引力。

	C44 M43 Y67 K0 R161 G143 B96
	C63 M61 Y84 K19 R104 G91 B58
	C7 M10 Y87 K0 R243 G221 B37
	C0 M0 Y0 K100 R0 G0 B0
	C0 M0 Y0 K0 R255 G255 B255

*MusicTech*是一本英国的音乐技术杂志。该杂志收集全世界知名音乐素材，应用于音乐制作、游戏音乐、舞台音乐、影视和广告等中，是为影视制作者、音乐创作者及录音师等专业级人士准备的顶尖音乐素材。杂志设计充满音乐的欢乐与动感，色彩鲜明，风格时尚，主题明确。

	C21 M100 Y98 K0 R199 G23 B32
	C7 M13 Y87 K0 R243 G217 B38
	C87 M55 Y11 K0 R8 G103 B167
	C74 M67 Y60 K19 R79 G79 B84
	C0 M0 Y0 K100 R0 G0 B0

What Hi-Fi? 是一本英国的音响杂志。该杂志以非常适应市场的产品评论及文章策划闻名于业界，每年都要评出各类影音器材中最优秀的产品，并且是按照不同价位分别评出，对各种层次的爱好者和消费者都有较高的参考价值。杂志版面多采用红色，带给读者视觉上的刺激，使杂志充满动感和时尚感。

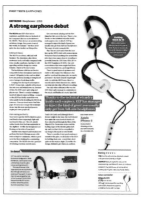

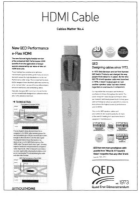

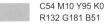
C54 M10 Y95 K0
R132 G181 B51

C24 M94 Y89 K0
R195 G46 B42

C51 M41 Y35 K0
R141 G144 B151

C0 M0 Y0 K100
R0 G0 B0

C0 M0 Y0 K0
R255 G255 B255

*Home Cinema Choice*是一本英国的家庭影院娱乐杂志。该杂志涵盖高性能的视听产品，具有独立的蓝光和DVD电影评论，是英国最畅销的家庭影院爱好者杂志。杂志通过丰富的色彩及变换的版面，带给人热情的感觉，充满视觉冲击力。

C9 M96 Y91 K0
R218 G34 B35

C2 M18 Y45 K0
R249 G217 B152

C50 M69 Y72 K8
R141 G92 B73

C0 M0 Y0 K100
R0 G0 B0

C0 M0 Y0 K0
R255 G255 B255

*Home Theater*是一本美国的家庭影院杂志。该杂志以介绍家庭影院各项新技术、评测各类家庭影院新产品为主，每年均会在前年被评测的产品中选出最具代表性、最优秀的型号作为该类产品中的杰出代表，读者范围广。杂志在版面设计上充满动感，内容充实饱满，整体风格给人时尚潮流的感觉。

5.1 | 游戏

游戏杂志为读者提供与游戏相关的各类资讯。该类杂志种类多，涉及内容各不相同，面向不同领域的游戏爱好者。杂志设计总体夸张大胆，色彩丰富艳丽，游戏场景及人物在版面设计上应用广泛，突出其专业性。

C59 M7 Y88 K0
R115 G179 B72

C82 M37 Y100 K1
R44 G126 B58

C68 M60 Y61 K10
R98 G98 B93

C0 M0 Y0 K100
R0 G0 B0

C0 M0 Y0 K0
R255 G255 B255

*X360*是一本英国的专注于Xbox 360的杂志。该杂志一贯坚持提供高质量的内容及最新消息，同时在推出新产品和发布新游戏时提供给广告客户更大的平台，还通过论坛、网站等形式繁荣网络社区，Xbox用户是该杂志的忠实读者。杂志色彩醒目跳跃，大篇幅的游戏场景，使人阅读起来充满激情。

C55 M53 Y55 K0
R136 G122 B111

C60 M81 Y80 K38
R94 G51 B44

C77 M58 Y47 K2
R76 G102 B118

C0 M0 Y0 K100
R0 G0 B0

C0 M0 Y0 K0
R255 G255 B255

*NAG*是一本南非的游戏杂志。该杂志的内容涵盖视频游戏、计算机软件及计算机周边产品、小工具、计算机硬件等,让玩家了解与游戏相关的最新资讯,促进游戏产业的发展,非常适合喜爱游戏的朋友阅读。杂志设计充满热情,变换多样的版面,富有激情的色彩搭配,让人眼前一亮。

C74 M52 Y9 K0
R77 G113 B173

C35 M15 Y87 K0
R182 G191 B59

C73 M35 Y89 K0
R79 G135 B71

C48 M94 Y89 K20
R132 G40 B41

C0 M0 Y0 K0
R255 G255 B255

*PC PowerPlay*是一本澳大利亚的游戏杂志。该杂志为PC娱乐爱好者提供了一个完整的介绍，包括新游戏的消息及对即将到来的比赛进行的详细、幽默的评论，帮助读者理解令人眼花缭乱的高科技产品，让玩家做出明智的购买决策。杂志设计独特，色彩冲击力强，多图少文的版式设计，更吸引读者阅读。

C47 M100 Y100 K19
R136 G28 B33

C61 M85 Y85 K50
R78 G35 B29

C88 M66 Y64 K25
R31 G73 B77

C41 M8 Y22 K0
R161 G203 B202

C0 M0 Y0 K100
R0 G0 B0

*Game Developer*是一本美国的游戏开发杂志。作为游戏行业的权威出版物，该杂志能让行业领导者和游戏开发专家共享技术方案、审查新产品，并讨论战略创新，专为娱乐软件的创造者提供技术和行业信息。杂志色彩搭配充满视觉冲击，版面基本统一，在设计上突出了其技术性与专业性。

C16 M99 Y93 K0
R207 G24 B35

C4 M45 Y90 K0
R239 G160 B31

C76 M4 Y95 K0
R27 G168 B66

C91 M82 Y11 K0
R43 G64 B141

C0 M0 Y0 K0
R255 G255 B255

*Games Master*是一本英国发行量最大的综合游戏杂志。该杂志提供最多且最全面的游戏资讯、比赛资讯等，读者不仅包括游戏的爱好者，还包括游戏的制作人。杂志设计主题明确，色彩清新明快，内容丰富，让人印象深刻。

C15 M96 Y22 K0
R208 G21 B113

C12 M32 Y40 K0
R229 G204 B160

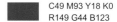

C49 M93 Y18 K0
R149 G44 B123

C0 M0 Y0 K100
R0 G0 B0

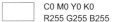

C0 M0 Y0 K0
R255 G255 B255

*PSM3*是一本英国的游戏杂志，也是最受欢迎的电玩杂志之一，致力于为读者提供最新的游戏资讯，还有最独家的报道。杂志不仅有PS3的内容，还有PSP及PS2的相关内容，是PS"粉丝"必读杂志之一。杂志多采用大红色这类高饱和度的颜色来增强画面的视觉效果，版式气氛活跃，带给人充满激情的阅读感受。

C97 M92 Y55 K31
R22 G39 B71

C51 M48 Y25 K0
R142 G133 B158

C4 M0 Y29 K0
R250 G248 B201

C65 M89 Y83 K58
R62 G22 B24

C0 M0 Y0 K100
R0 G0 B0

*Gamecca*是一本南非的电玩杂志。杂志涵盖TV、PC、掌机、手机等各类平台的游戏，提供最新的游戏资讯等，对游戏迷来说是非常值得一看的杂志。杂志在设计上没有过多的文字，大篇幅游戏人物和场景占了整幅版面，广告相对较少，增加了杂志的可阅读性和吸引力。

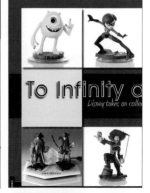

5.2 | CG

CG杂志向读者介绍在广告、影视、动画和游戏业内所涉及的CG技术，从纯艺术到设计，包括一系列相关产业。由于CG技术应用较广泛，CG杂志也各有分类。杂志设计视觉效果突出，形式呈多样化。

C74 M67 Y60 K18
R81 G79 B84

C30 M33 Y41 K0
R190 G172 B149

C67 M56 Y53 K3
R105 G108 B109

C66 M68 Y79 K30
R89 G72 B55

C0 M0 Y0 K100
R0 G0 B0

*CGArena*是一本美国的电脑图形杂志，关注计算机图形和三维设计。该杂志包含大量CG的信息、教程、访谈和优秀作品欣赏等内容，是CG爱好者的最佳读物。杂志设计简洁大方，内容丰富实用，图片充斥整个版面，带给人强烈的视觉冲击力。

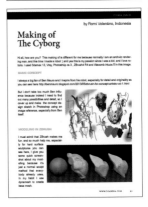

CG | 绚丽

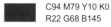
C94 M79 Y10 K0
R22 G68 B145

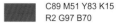
C89 M51 Y83 K15
R2 G97 B70

C11 M31 Y89 K0
R230 G183 B37

C0 M0 Y0 K100
R0 G0 B0

C0 M0 Y0 K0
R255 G255 B255

*ImagineFX*是一本英国的科幻数字艺术杂志。该杂志精选世界顶级幻想和科幻艺术家的作品进行透彻解析，并融合画廊访谈和产品评论而形成形式与内容不拘一格的混合刊物，是为专业爱好者准备的。杂志版面设计绚丽多彩，内容包含大量电脑手绘画面，具有强烈的视觉冲击，能够增强读者的阅读兴趣。

C56 M16 Y78 K0
R126 G172 B89

C89 M85 Y51 K20
R47 G54 B85

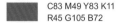
C83 M49 Y83 K11
R45 G105 B72

C29 M54 Y62 K0
R191 G133 B97

C40 M1 Y11 K0
R161 G215 B228

*Computer Graphics World*是一本加拿大的计算机图像设计杂志，主要刊登创新图像、相关技术和应用，探讨将三维建模等技术运用到互动娱乐游戏、数字视频、电影及创造特殊效果，是专为CG爱好者打造的。杂志色彩丰富，整个版面看起来活泼生动，也使读者在阅读时不会感到枯燥。

	C41 M35 Y33 K0 R165 G160 B159
	C62 M64 Y66 K13 R112 G92 B82
	C45 M63 Y71 K2 R156 G107 B79
	C37 M82 Y87 K2 R172 G75 B51
	C0 M0 Y0 K0 R255 G255 B255

*2D Artist*是一本英国的CG杂志。该杂志重点关注概念艺术和数字背景绘制，还提供与CG相关的新闻评论等，是专为CG从业人员准备的专业杂志，值得CG爱好者购买。杂志采用统一的版式，形成画面的统一性和连续性，增添了整个版面的节奏和韵律感。

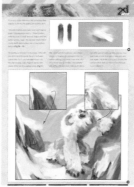

C51 M44 Y41 K0
R141 G138 B138

C57 M58 Y62 K4
R128 G109 B96

C46 M71 Y100 K9
R148 G89 B36

C0 M0 Y0 K100
R0 G0 B0

C0 M0 Y0 K0
R255 G255 B255

*3DCreative*是一本英国的CG杂志。杂志推出到现在得到CG业界一致的好评,内容涉及CG业界新闻、评论、教程和比赛等,杂志的服务对象主要为3D艺术家、CG从业人员等。杂志内容涉及范围广,色彩丰富而有冲击力,版面设计多变,形式丰富多彩。

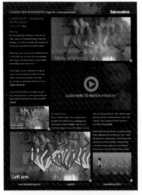
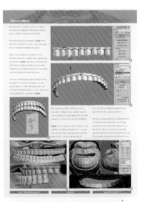

6.1 │ 体育

体育杂志主要报道体育新闻动态、专家评论及体育相关产品推荐等，内容全面，涉及范围较广。因体育运动的丰富多彩，体育杂志也分类较广泛，专业性较强。杂志设计根据主题，大多动感十足，充满运动激情。

体育｜客观

C97 M79 Y33 K1
R0 G69 B121

C86 M60 Y33 K0
R40 G97 B136

C27 M29 Y40 K0
R196 G180 B152

C92 M87 Y86 K77
R5 G4 B6

C0 M0 Y0 K0
R255 G255 B255

*Sports Illustrated*是一本美国的体育杂志。杂志的宗旨是"专业操作体育新闻，客观把握体育报道，彰显运动之美，弘扬运动之道"，并有相关的电视节目、影视产品及月刊等，在美国拥有超过1300万的读者。杂志在设计上也彰显了运动之美，健康的色彩、清爽的版式完全围绕主题风格。

体育|速度

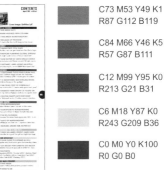

C73 M53 Y49 K1
R87 G112 B119

C84 M66 Y46 K5
R57 G87 B111

C12 M99 Y95 K0
R213 G21 B31

C6 M18 Y87 K0
R243 G209 B36

C0 M0 Y0 K100
R0 G0 B0

*Autosport*是一本英国的赛车杂志。杂志一直保持高水准的评论及精准的报道，告知有关这项运动的各个方面的信息，包括突发新闻、赛事分析等，是赛车爱好者必不可少的杂志。杂志设计充满速度与激情，色彩搭配冲击力强，版面设计拥有自己的特色。

C7 M3 Y76 K0
R244 G234 B79

C26 M20 Y22 K0
R199 G197 B193

C76 M70 Y77 K43
R56 G57 B48

C0 M0 Y0 K100
R0 G0 B0

C0 M0 Y0 K0
R255 G255 B255

*Slam*是一本美国知名的篮球杂志，堪称体坛杂志又一惊人手笔。杂志内容涉及NBA故事、事件、内幕、人物，并以专业的视角报道篮球赛事，且以此为平台与众多读者展开互动，是篮球爱好者的最佳选择。杂志版面设计热闹又充满激情，色彩鲜亮，增强了杂志的视觉冲击。

C12 M0 Y85 K0
R236 G233 B47

C93 M93 Y49 K20
R39 G43 B83

C52 M100 Y84 K32
R112 G22 B39

C32 M62 Y59 K0
R184 G115 B97

C0 M0 Y0 K100
R0 G0 B0

*Swimming World*是一本美国的运动杂志。杂志内容包括与游泳运动相关的最新新闻、比赛项目总结和评论、游泳产品推荐、游泳基础训练的方式和计划，以及体育明星访问，是针对游泳爱好者的专业杂志。杂志设计充满运动健康之美，在版面设计上通过裁切图片增强视觉效果，形成自己的特色。

CONTENTS / JULY 2013

C93 M73 Y11 K0
R9 G77 B149

C20 M95 Y93 K0
R201 G43 B36

C73 M63 Y53 K8
R88 G93 B102

C0 M0 Y0 K100
R0 G0 B0

C0 M0 Y0 K0
R255 G255 B255

*F1 RACING*是一本英国的赛车杂志，也是一级方程式赛车的官方杂志。每月报道最新的F1赛事，车手简介、赛车性能、赛道分析等都是报道内容，并深入解析各个车队的比赛策略，是专为赛车爱好者提供的杂志。杂志设计简洁大方，没有过多的版面变化和修饰，突出了速度与质感等特点。

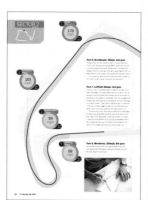

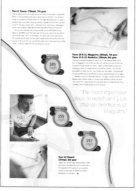

C38 M42 Y73 K0
R175 G149 B84

C7 M93 Y88 K0
R222 G48 B37

C13 M41 Y42 K0
R222 G167 B140

C0 M0 Y0 K100
R0 G0 B0

C0 M0 Y0 K0
R255 G255 B255

*FourFourTwo*是一本英国的足球杂志，杂志的名称是源自足球运动中的经典阵型442。作为具有国际一流水准及较高价位的专业足球杂志，杂志介绍与足球相关的最新动态，适合所有球迷阅读。杂志色彩搭配时尚艳丽，注重细节修饰，整体风格带给人一种运动健康的感觉。

C67 M37 Y5 K0
R92 G140 B196

C8 M8 Y83 K0
R242 G224 B57

C29 M33 Y90 K0
R195 G168 B48

C37 M96 Y80 K3
R170 G42 B55

C0 M0 Y0 K100
R0 G0 B0

*ESPN*是一本美国的体育杂志，也是著名体育电视网的官方杂志，提供实时新闻及竞赛结果，是体育迷的最佳选择。该杂志封面历来是体育迷们关注的，因为登上封面的都是红极一时的明星人物。杂志设计大气时尚，四周留白较多，使杂志版面不会显得拥挤，让人阅读起来轻松愉悦。

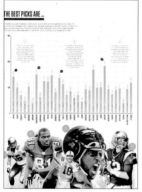

6.2 │ 健身

健身杂志旨在提高读者的健康意识，主题各不相同，但宗旨一致。读者都是喜爱健身的时尚人士，杂志根据受众群体的不同也做出相应的设计，迎合其读者需求，整体风格都会让读者接受到健康的信息。

C77 M55 Y91 K20
R66 G93 B54

C56 M29 Y87 K0
R130 G154 B68

C9 M91 Y40 K0
R217 G51 B98

C33 M49 Y65 K0
R185 G140 B95

C0 M0 Y0 K0
R255 G255 B255

*Running Times*是一本美国的运动杂志。杂志专业性强，内容包括传统训练和专业训练方法，读者能够通过杂志得到有效的训练技巧，还有饮食营养、新闻事实、运动医学等内容，主要针对想要通过跑步运动得到健身效果的人士。杂志的版面设计大气时尚，色彩新鲜自然，充满运动和健康的气息。

C76 M26 Y44 K0
R46 G147 B147

C87 M68 Y56 K16
R43 G77 B91

C38 M99 Y45 K0
R169 G25 B91

C11 M30 Y74 K0
R230 G186 B82

C0 M0 Y0 K0
R255 G255 B255

*Yoga Journal*是一本美国发行的瑜伽杂志，目的是让人们提高健康的生活意识。杂志读者多半为高收入、成熟的中年女性。杂志的版面大方朴素，自然的色彩营造了一种平和的氛围，杂志的设计以优美的人体曲线为主题，形成了杂志特有的品牌风格。

C78 M31 Y17 K0
R27 G140 B183

C47 M9 Y20 K0
R143 G197 B204

C18 M97 Y31 K0
R203 G18 B104

C10 M37 Y54 K0
R229 G176 B121

C0 M0 Y0 K0
R255 G255 B255

Women's Fitness是一本英国的女性健身杂志，目的是提升女性健康的生活品质和积极乐观的生活态度。杂志内容包括健身计划、饮食搭配、专家指导等，主要读者是那些成熟有事业的中年女性。杂志多采用明亮鲜艳的色彩，在设计上传递给人一种健康快乐的信息。

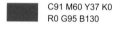
C91 M60 Y37 K0
R0 G95 B130

C55 M29 Y19 K0
R126 G161 B186

C37 M51 Y65 K0
R175 G134 B94

C70 M68 Y64 K20
R88 G78 B78

C5 M14 Y75 K0
R246 G217 B82

*Runner's World*是一本美国的跑步杂志，也是世界跑步领域的权威杂志。杂志以"向不同能力的跑步者传递信息，提供建议和鼓励"为使命，以"帮助跑步者保持身心健康，提高运动能力"为目标，是跑步爱好者的首选。杂志多用蓝色背景配上野外的跑步者，形成强烈的视觉冲击力，呈现出一种人与自然的和谐。

C16 M96 Y88 K0
R208 G35 B41

C38 M31 Y29 K0
R171 G170 B170

C14 M33 Y41 K0
R222 G181 B148

C0 M0 Y0 K100
R0 G0 B0

C0 M0 Y0 K0
R255 G255 B255

*Men's Fitness*是一本英国的男性健身杂志，也是男性生活杂志的第一品牌。杂志提供健身、营养、时尚、旅行等内容，引导男性健康、积极、乐观的生活态度，是专为有一定经济基础、学历较高的男性量身打造的。杂志设计优雅，在色彩和版面上都突出了男性热情与力量，是一本"质"与"量"都很高的杂志。

C35 M48 Y78 K8
R172 G133 B69

C2 M100 Y0 K8
R216 G0 B121

C95 M75 Y52 K38
R2 G52 B75

C49 M62 Y85 K35
R114 G81 B42

C6 M31 Y35 K0
R238 G191 B162

*Healthy&Fit*是一本美国的健身杂志。杂志涵盖健身计划、体育运动、饮食健康及医药保健等内容，为读者提供科学的健身方法，鼓励人们创造一个健康积极的生活方式，是专门针对热爱健身的人士的。杂志版面丰富多样，色彩搭配让人眼前一亮，整体设计具有视觉冲击力，激发读者阅读欲望。

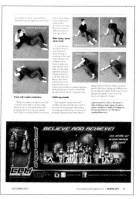

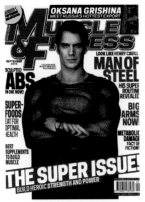

C40 M100 Y94 K6
R161 G31 B41

C84 M73 Y49 K10
R61 G75 B101

C52 M96 Y78 K26
R119 G33 B48

C0 M0 Y0 K100
R0 G0 B0

C0 M0 Y0 K0
R255 G255 B255

*Muscle&Fitness*是一本美国的健美杂志。杂志大力推广健美健康的生活方式，同时介绍各种营养食品及健美人物，注重文章的可读性、实用性及趣味性，是为男性健身人群准备的。杂志在设计上让人感受到健身的激情，充满男性力量感的版面，传递给读者健康的信息。

6.3│户外

户外杂志倡导积极健康的生活方式，向读者报道户外运动、地理人文、野外探险等相关内容，还有户外装备推荐。杂志内容饱满充实，为户外运动爱好者提供全面报道。杂志设计色彩鲜活，专业的户外摄影激起人们对自然的向往。

C48 M16 Y5 K0
R140 G186 B221

C9 M22 Y40 K0
R235 G205 B159

C91 M66 Y31 K0
R12 G88 B133

C6 M21 Y88 K0
R243 G203 B33

C72 M67 Y60 K17
R86 G81 B85

*Outside*是一本美国的户外杂志，同时也是美国发行量最大的户外杂志。杂志秉承"倡导积极健康生活方式"的理念，为读者提供相关的户外生活报道，并有人文地理、科学探险等内容，读者都是户外运动的爱好者。杂志通过专业的摄影，具有活力的色彩搭配，简单时尚的版面设计吸引读者阅读。

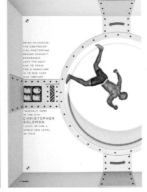

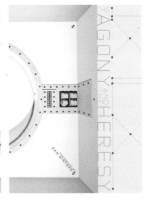

C46 M31 Y88 K0
R156 G159 B62

C28 M36 Y38 K0
R193 G167 B150

C22 M4 Y71 K0
R213 G221 B99

C9 M58 Y93 K0
R226 G132 B26

C0 M0 Y0 K100
R0 G0 B0

*Sport Life*是一本西班牙的运动杂志。杂志提供最新的体育运动资讯及体育设备和相关产品的推荐，并由专家制订专业的户外运动方案，让你更好、更科学地锻炼，杂志主要针对喜爱运动健身的人士。杂志设计简单大方，使用鲜艳、充满活力的色彩配以运动相关的资讯，激发读者的运动欲望。

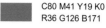
C80 M41 Y19 K0
R36 G126 B171

C89 M64 Y33 K0
R31 G91 B132

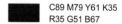
C89 M79 Y61 K35
R35 G51 B67

C31 M30 Y83 K0
R191 G172 B66

C0 M0 Y0 K0
R255 G255 B255

*Sport Fishing*是一本美国的钓鱼杂志。杂志提供最全面的资源及近海捕捞的技术，深入评论最新的海洋电子设备和渔具，还包括咸水海洋生活的最新报告，是钓鱼爱好者的最佳选择。杂志在版面设计上给人一种欢乐的、热闹的气氛，内容丰富多变，色彩新鲜跳跃。

C33 M67 Y84 K0
R183 G106 B56

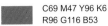
C69 M47 Y96 K6
R96 G116 B53

C5 M19 Y88 K0
R245 G208 B33

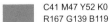
C41 M47 Y52 K0
R167 G139 B119

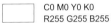
C0 M0 Y0 K0
R255 G255 B255

*Climbing*是一本美国的登山杂志。杂志内容包括岩壁、雪地、冰地登山所需具备的技术，还提供从欧洲到北美洲等人气高山资讯，专业设备的评价也是报道的重点，是专为登山爱好者准备的。杂志设计采用专业的摄影照片、明亮欢快的色彩，让读者阅读时充满喜悦与激情。

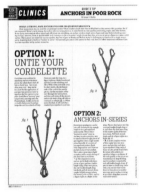

C75 M27 Y8 K0
R39 G148 B201

C24 M39 Y56 K0
R203 G163 B116

C58 M68 Y91 K22
R112 G80 B45

C66 M60 Y100 K24
R93 G87 B38

C0 M0 Y0 K0
R255 G255 B255

*Mountain Biking*是一本英国的越野自行车杂志。杂志提供给越野自行车爱好者最佳情报，还有最新车款、性能评比、自行车零件大透视、骑士装备、越野行家的专访等内容，是一本适合越野玩家、行家及初学者的专业杂志。杂志在设计上充满激情和动感，版面设计风格独特，视觉效果强烈。

7.1 | 旅游

旅游杂志全方位地介绍最新的旅游时尚资讯，展现旅游爱好者丰富多彩的精神生活和物质生活及时尚潮流新概念和生活新观念。其具有信息量大、实用性强、运用高质量照片作为吸引受众的"利器"等特点。

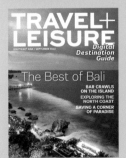

C65 M21 Y8 K0
R87 G164 B208

C38 M11 Y2 K0
R167 G204 B234

C36 M96 Y86 K2
R173 G42 B49

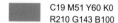
C19 M51 Y60 K0
R210 G143 B100

C0 M0 Y0 K100
R0 G0 B0

*Condé Nast Traveler*是一本美国的旅游杂志，是集休闲、高雅、高端于一体的旅游生活类杂志。该杂志内容涵盖旅游目的地、酒店、美食与美酒、自驾、航空和商务旅行等，杂志的受众群体是那些热爱旅行的成功人士。杂志设计独具匠心，尽显高端大气，充分体现了其品位与质感。

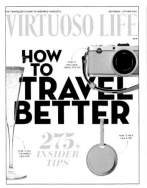

C3 M28 Y83 K0
R245 G193 B53

C18 M30 Y59 K0
R215 G183 B115

C16 M15 Y15 K0
R219 G214 B212

C0 M0 Y0 K100
R0 G0 B0

C0 M0 Y0 K0
R255 G255 B255

*Virtuoso Life*是一本美国的旅游杂志。该杂志探索独特的豪华旅游方式，内容包括轮船、酒店和当地文化的最新资讯，并有专业的旅游顾问通过独特的视角进行指导服务，为游客制订全方位的旅游计划，适合想要放松出游的读者阅读。杂志设计风格时尚大气，在轻松的阅读氛围下带你体会旅行的快乐。

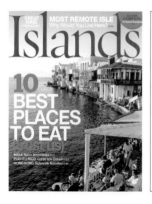

C89 M58 Y50 K4
R10 G97 B113

C95 M73 Y44 K6
R0 G75 B109

C51 M11 Y12 K0
R131 G189 B214

C3 M62 Y87 K0
R235 G125 B39

C0 M0 Y0 K0
R255 G255 B255

*Islands*是一本美国的岛屿旅游杂志。该杂志内容涉及世界上最诱人的度假胜地——岛，详细地介绍世界各地的美丽岛屿及有关的旅游休闲项目，杂志读者范围甚广。杂志设计用美丽新奇的岛屿图片记录迷人的当地文化，充分让人感受到令人震撼和兴奋的岛屿风情。

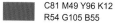

	C81 M49 Y96 K12 R54 G105 B55
	C79 M62 Y73 K27 R60 G79 B67
	C48 M49 Y52 K0 R150 G131 B117
	C8 M3 Y86 K0 R243 G232 B40
	C0 M0 Y0 K0 R255 G255 B255

*India Today Travel Plus*是一本印度的旅游杂志。该杂志涵盖度假村、航空公司、水疗中心、商店、餐馆等旅行资讯，让你对旅行地点有全面而深入的了解。杂志设计充满印度风情与时尚，内容丰富多彩，让人们感受到旅游的欢乐。

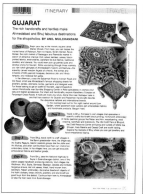

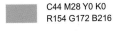

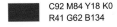

C47 M36 Y0 K0
R147 G156 B206

C44 M28 Y0 K0
R154 G172 B216

C92 M84 Y18 K0
R41 G62 B134

C7 M3 Y80 K0
R245 G234 B67

C0 M0 Y0 K0
R255 G255 B255

*Travel+Leisure*是一本美国的在全球负有盛名的旅游杂志，是旅游行业的风向标、最具魅力的旅行生活倡导者、报道者和分享者。该标志以独特的视角深入报道独一无二的旅行线路和享受之旅，读者多是热爱旅游的人士。专业的摄影图片配上迷人的文字介绍，可以为简洁的版面设计营造宁静的氛围。

C8 M16 Y88 K0
R239 G210 B34

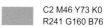
C2 M46 Y73 K0
R241 G160 B76

C68 M43 Y14 K0
R92 G131 B178

C55 M89 Y100 K40
R99 G38 B22

C6 M8 Y23 K0
R242 G234 B206

*National Geographic Traveler*是一本美国国家地理学会出版的旅游杂志。该杂志主要介绍美国、加拿大、墨西哥、加勒比地区，兼及世界各地的国家公园、历史古迹、观景胜地、著名城市和鲜为人知的景点，读者范围广泛。杂志内载有丰富的彩照和地图线路，封面上的亮黄色边框及月桂纹图样是杂志设计的特色。

contents

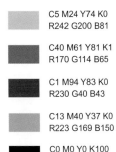

	C5 M24 Y74 K0 R242 G200 B81
	C40 M61 Y81 K1 R170 G114 B65
	C1 M94 Y83 K0 R230 G40 B43
	C13 M40 Y37 K0 R223 G169 B150
	C0 M0 Y0 K100 R0 G0 B0

*Global Traveler*是一本美国的权威商旅杂志。该杂志紧密关注世界各大航空公司和酒店行业发展，旨在介绍世界各大城市的风土人情、旅游时尚和流行趋势，是为众多商务及高端旅行人士所量身打造的。杂志在版面设计上尤为优雅、时尚，让人阅读起来轻松、舒适。

7.2 ｜ 地理

地理杂志主要介绍全球各地风土人情、社会人文、历史地理等内容，具有一定的科学性。杂志选用照片的水准和对印刷质量的要求非常高，大量精美图片让人目不暇接；杂志强调文字与图片的和谐性，从而使杂志带给读者的不仅是知识，更是艺术享受。

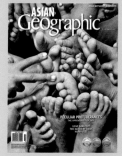

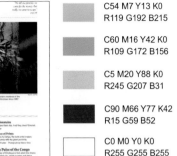

C54 M7 Y13 K0
R119 G192 B215

C60 M16 Y42 K0
R109 G172 B156

C5 M20 Y88 K0
R245 G207 B31

C90 M66 Y77 K42
R15 G59 B52

C0 M0 Y0 K0
R255 G255 B255

*National Geographic*是一本美国国家地理学会的官方杂志，现在已成为世界上最广为人知和关注的杂志。杂志内容为高质量的摄影图片配以关于社会、历史、世界各地风土人情的文章，读者群体广泛。封面上的亮黄色边框及月桂纹图样均是杂志的设计特色，同时这些标志性特色也是《国家地理》杂志的注册商标。

C11 M30 Y71 K0
R230 G186 B88

C39 M59 Y72 K0
R171 G125 B81

C48 M34 Y87 K0
R152 G153 B63

C0 M0 Y0 K100
R0 G0 B0

C0 M0 Y0 K0
R255 G255 B255

*Histoire National Geographic*是一本法国的历史地理杂志。该杂志通过专家介绍人文地理，并关注社会、历史、新闻等，专业性强，内容丰富，适合热爱历史、地理等知识的读者阅读。杂志在版面设计上图文搭配，视觉冲击力强，让读者充分感受到历史、地理的魅力。

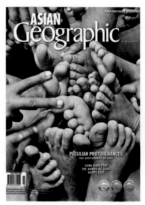

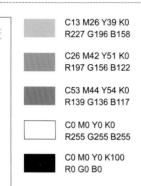

C13 M26 Y39 K0
R227 G196 B158

C26 M42 Y51 K0
R197 G156 B122

C53 M44 Y54 K0
R139 G136 B117

C0 M0 Y0 K0
R255 G255 B255

C0 M0 Y0 K100
R0 G0 B0

*ASIAN Geographic*是一本新加坡的地理杂志，"亚洲无边界"是杂志的办刊宗旨。该杂志主要关注亚洲地理、文化、社会、环境、地区开发与保护等议题，读者年龄跨度大，尤其针对热爱亚洲地理文化的读者。杂志在版面设计上图文搭配，图片所占版面较大，整体清爽干净，风格朴素而有质感。

8.1 | 军事

军事杂志主要介绍世界上主要国家和地区的军事基本情况、军事最新新闻及历史等与军事相关的内容。杂志设计大多严肃谨慎，与杂志主题结合密切，色彩搭配大多较深沉，体现军事的严谨风格。

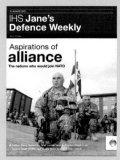

C15 M7 Y8 K0
R223 G230 B233

C35 M36 Y39 K0
R180 G162 B149

C51 M22 Y62 K0
R140 G170 B116

C58 M52 Y68 K3
R126 G119 B90

C73 M92 Y59 K34
R76 G37 B64

*Jane's Defence Weekly*是一本由加拿大公司控股的著名军事信息杂志。其军事信息分析在西方媒体和政府中一直视为权威，读者主要是政府、军方和工商界负责防务的决策者。杂志设计多采用深色，封面都以军事照片为主，整体的设计风格体现出杂志的严谨性和专业性。

C21 M51 Y71 K0
R206 G142 B82

C25 M97 Y91 K0
R192 G35 B41

C65 M20 Y53 K0
R97 G162 B135

C8 M2 Y86 K0
R244 G234 B42

C0 M0 Y0 K0
R255 G255 B255

*Military History Monthly*是一本英国的军事历史杂志，也是军事史上的重要指南。该杂志内容包括真实的历史战役、专家分析、亲历战争的老兵采访、最新的军事书籍及博物馆的展览等，是军事和历史爱好者的最佳选择。杂志设计将历史和现代相结合，穿插交错，削弱了题材的严肃性，便于实现轻松阅读。

军事 | 技术

C39 M99 Y100 K5
R165 G34 B36

C7 M38 Y83 K0
R236 G174 B54

C47 M38 Y37 K0
R151 G151 B149

C28 M17 Y7 K0
R192 G203 B222

C13 M7 Y9 K0
R229 G232 B231

*Military & Aerospace Electronics*是一本美国的军事杂志。杂志主要介绍军用航空电子技术，还为读者报道最新的科技资讯及无人机对国防的重要性，杂志主要针对那些专业人士及军事爱好者而打造。杂志设计简洁明了，在版面设计及颜色搭配等方面都体现了其专业性。

C41 M34 Y35 K0
R166 G162 B157

C22 M36 Y36 K0
R206 G172 B154

C63 M62 Y84 K21
R102 G87 B57

C0 M0 Y0 K100
R0 G0 B0

C0 M0 Y0 K0
R255 G255 B255

*Soldier*是一本英国的军事杂志。该杂志提供英国陆军的介绍和最新资讯，涉及领域较广，并主要报道军事和安全事务，包括退伍军人和民众感兴趣的军事活动及专家对军事的分析和讲解，杂志的读者多是士兵或普通民众。杂志多采用醒目的色彩，内容丰富充实，使读者充分感受到军队的风采。

C22 M96 Y89 K0
R198 G37 B42

C7 M15 Y27 K0
R240 G221 B192

C52 M21 Y74 K0
R138 G170 B94

C40 M15 Y13 K0
R164 G195 B211

C65 M55 Y68 K7
R106 G108 B87

*Military Machines International*是一本英国的国际军事机器杂志。杂志内容包括最新的军事新闻、军事机械、军事车辆和国防工业信息等，杂志的读者多是军事爱好者。杂志版面及色彩的应用给人稳定、冷静的感觉，版面设计拥有层次感，让人印象深刻。

8.2 | 科学

科学杂志旨在为读者报道和介绍最新的科学研究、论文发表、权威的科学评论等内容。杂志种类多，涉及不同的科学领域。杂志设计大多结合科技与创新，风格独特，让人耳目一新。

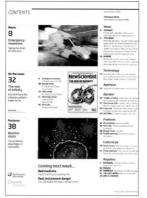

C44 M30 Y31 K0
R156 G166 B167

C71 M16 Y10 K0
R51 G165 B209

C100 M95 Y51 K22
R19 G41 B80

C0 M0 Y0 K100
R0 G0 B0

C0 M0 Y0 K0
R255 G255 B255

*New Scientist*是一本英国的科学/科技新闻杂志，在同类杂志中排名第一。该杂志介绍了许多高端的科学项目，在英国每一所学校的Science系都备有该杂志，读者多是在英国就读A level-science课程和大学Science系的学生或导师。杂志每一期都采用不同的字体颜色配以个性鲜明的图片，使整个杂志版式更生动、大气。

C82 M61 Y7 K0
R55 G97 B166

C61 M33 Y9 K0
R108 G150 B196

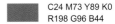

C24 M73 Y89 K0
R198 G96 B44

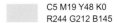

C5 M19 Y48 K0
R244 G212 B145

C0 M0 Y0 K0
R255 G255 B255

*Science*是一本美国的科学杂志，是发表原始研究论文、综述、科学政策的同行评议的期刊。作为综合性科学杂志，它的科学新闻报道、分析、书评等部分都堪称权威科普资料，适合一般读者阅读。杂志文字较多，但字体排版合理，色彩搭配自然柔和，整体设计让读者阅读起来更舒适。

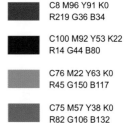

C8 M96 Y91 K0
R219 G36 B34

C100 M92 Y53 K22
R14 G44 B80

C76 M22 Y63 K0
R45 G150 B117

C75 M57 Y38 K0
R82 G106 B132

C0 M0 Y0 K0
R255 G255 B255

*Discover*是一本美国的在世界领先的科普杂志。杂志内容定位于科学、技术和未来，具体栏目包括健康与医学、心灵、技术、空间、人类起源、生活世界、环境、物理与数学等，杂志读者甚广。杂志设计上注重内容，舍弃形式上的包装，没有过多装饰和复杂版式，整体简洁大方。

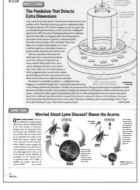

C45 M86 Y76 K9
R148 G61 B60

C14 M58 Y51 K0
R217 G131 B111

C5 M21 Y85 K0
R244 G205 B45

C39 M27 Y61 K0
R172 G173 B114

C58 M43 Y25 K0
R124 G137 B163

*Science Illustrated*是一本美国的科学杂志，是最权威的关于科学和自然方面的杂志。该杂志内容涵盖古生物、空间探索、医疗界的最新进展等，主要面向对科学探索有着强烈好奇心的读者。杂志的设计注重视觉感，图片冲击力强，令人印象深刻，因此杂志也更具有阅读吸引力。

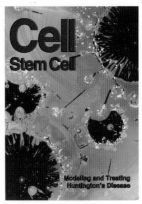

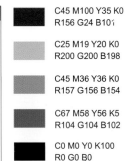

C45 M100 Y35 K0
R156 G24 B101

C25 M19 Y20 K0
R200 G200 B198

C45 M36 Y36 K0
R157 G156 B154

C67 M58 Y56 K5
R104 G104 B102

C0 M0 Y0 K100
R0 G0 B0

*Cell Stem Cell*是一本美国的科学杂志。杂志致力于报道干细胞生物学研究动态，内容包括基础研究、综述、评论、干细胞研究等，杂志读者更多针对专业人士。杂志的设计体现出学术性，朴素简单的设计风格，让读者更注意内容本身。

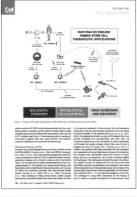

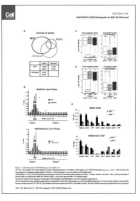

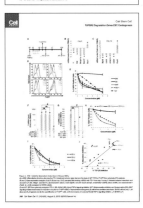

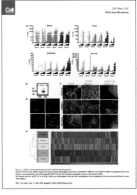

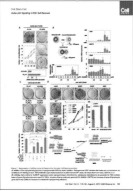

C2 M23 Y15 K0
R246 G212 B206

C59 M63 Y84 K17
R115 G91 B58

C74 M80 Y93 K64
R44 G28 B16

C7 M20 Y88 K0
R241 G205 B33

C0 M0 Y0 K100
R255 G255 B255

*Scientific American Mind*是一本美国的科学杂志，是*Scientific American*杂志关于脑科学、神经科学及心理学的特别分刊。该杂志通过分析和揭示认知科学的新思维方法来使上述领域得到突破，是很多专业人士的必读刊物。杂志在版面设计上用细黑线进行分割，使阅读清晰明了，增强了杂志的观赏性。

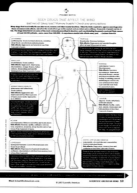

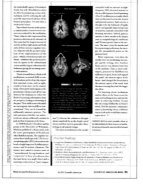

C5 M18 Y88 K0
R245 G209 B31

C22 M96 Y87 K0
R198 G38 B43

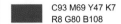
C93 M69 Y47 K7
R8 G80 B108

C36 M22 Y27 K0
R176 G186 B182

C0 M0 Y0 K0
R255 G255 B255

*Sky & Telescope*是一本美国的天文杂志，是两本杂志*The Sky*和*The Telescope*合并后的杂志。杂志的文章有专业天文学家参与讨论，并介绍好的天文摄影景点和即将发生的天象，是面向天文爱好者和望远镜发烧友的杂志。杂志根据主题内容需要进行适当的编排，增强了版面的活跃感，带给人强烈的视觉感受。

第9章 │ 艺术设计

9.1 │ 视觉

视觉杂志旨在向读者提供艺术、时尚、绘画、设计等相关内容，注重视觉上的冲击力，通过排版、色彩及图片即可达到视觉上的震撼。杂志设计风格独特另类，各有特色，阅读时让读者眼前一亮。

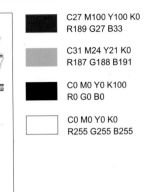

*Paris Design Guide*是一本法国的设计杂志，一年一刊。该杂志有着上百家设计店铺的最新资讯，并用地理位置来区分这些设计店铺，以方便搜寻，是快速了解巴黎最新设计动态的指南书，适合设计师与时尚追求者阅读。杂志从各个方面都体现出时尚这一主题，注重视觉上的冲击力，更好地传递了杂志信息。

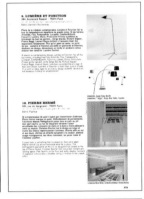

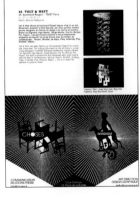

C75 M34 Y31 K0
R58 G138 B161

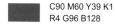
C90 M60 Y39 K1
R4 G96 B128

C83 M57 Y77 K22
R48 G86 B68

C48 M80 Y86 K15
R137 G68 B49

C0 M0 Y0 K0
R255 G255 B255

*Beaux Arts*是一本法国的艺术杂志，也是法国的第一本艺术及文化方面的杂志。无论是艺术遗产还是艺术创新，该杂志都以专业而锐利的眼光分析，追随艺术家的思维在巴黎的光影里穿梭，是专为艺术爱好者打造的。杂志设计风格独特，版式变换丰富，带给读者一种光怪陆离的艺术体验。

视觉 | 创意

	C11 M12 Y19 K0 R232 G224 B209
	C34 M38 Y46 K0 R181 G159 B135
	C9 M95 Y85 K0 R218 G38 B43
	C0 M0 Y0 K100 R0 G0 B0
	C0 M0 Y0 K0 R255 G255 B255

black book 是一本美国的视觉杂志。该杂志以精美图片和精彩文章引领读者感受世界各地的艺术、娱乐、时尚、生活方式，并以前卫的视角分析其中的文化内涵，杂志为设计师的创意服务。杂志设计充满视觉冲击力，版面大气时尚，设计感强烈。

C33 M32 Y37 K0
R185 G172 B156

C11 M8 Y8 K0
R233 G232 B231

C18 M30 Y31 K0
R214 G185 B169

C33 M42 Y47 K0
R184 G153 B130

C62 M82 Y95 K50
R77 G40 B22

*Nashville Arts*是一本美国的艺术文化杂志。从建筑师、技术工作者、画家、诗人，到作家、电影制作人、演艺人员和设计师，与他们相关的内容杂志中皆有囊括，杂志面向所有热爱艺术及追求艺术创新的读者。杂志版面层次清晰，主题明确，设计感强，具有强烈的视觉效果。

C85 M82 Y33 K1
R65 G66 B119

C8 M96 Y87 K0
R219 G36 B39

C89 M56 Y70 K17
R18 G90 B81

C34 M27 Y67 K0
R183 G175 B103

C0 M0 Y0 K0
R255 G255 B255

*Digital Arts*是一本英国的设计杂志，具有卓越的前瞻性。该杂志内容包括插图、矢量艺术、数字绘画、动画、图形及与读者的互动交流，还提供相关的和前瞻性的内容，并有独家点评。杂志读者有设计师，还有数字艺术爱好者。杂志在版面设计上充满节奏感，用色大胆强烈，增强了视觉效果。

9.2｜创意

创意杂志把握当下的艺术设计热点，凭借独特的视角为读者提供一流的设计资讯和设计理念，涉及领域广泛。杂志设计风格各有不同，从版式到色彩的应用都体现出其前卫的艺术品位，带给读者高品位的阅读享受。

C31 M22 Y20 K0
R186 G190 B193

C65 M55 Y50 K1
R109 G113 B116

C35 M100 Y91 K2
R175 G30 B44

C16 M35 Y87 K0
R220 G172 B47

C0 M0 Y0 K100
R0 G0 B0

*Wallpaper*是一本英国的创意杂志，最初的目的是做一本对现代设计业具有权威话语权的杂志。该杂志包括建筑、时尚、旅行、食物等话题，希望能展现一种全球性的前沿设计，帮助设计者开阔思维。杂志是时尚与创意的组合，大气高端的设计风格，阅读起来令人赏心悦目。

C15 M19 Y29 K0
R222 G207 B183

C43 M42 Y64 K0
R162 G146 B102

C82 M100 Y40 K5
R77 G37 B97

C40 M36 Y27 K0
R168 G161 B168

C0 M0 Y0 K100
R0 G0 B0

*H*是一本西班牙的设计杂志。该杂志报道设计界动态，以时装设计为主，也包括多媒体、摄影、平面视觉等领域。每期的设计师专访与主题性报道为其特色，还有理论探讨，读者都是关注设计领域的人士。杂志设计时尚前卫，用色大胆，风格超前，整体感觉让人眼前一亮。

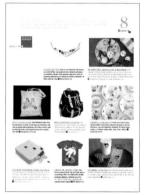

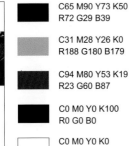

	C65 M90 Y73 K50 R72 G29 B39
	C31 M28 Y26 K0 R188 G180 B179
	C94 M80 Y53 K19 R23 G60 B87
	C0 M0 Y0 K100 R0 G0 B0
	C0 M0 Y0 K0 R255 G255 B255

*Juxtapoz Art&Culture Magazine*是一本美国的艺术文化杂志，旨在介绍和推行当代艺术，内容涉及数码艺术、涂鸦、街头艺术、波普艺术、概念艺术、新式古典艺术等，在出版领域独树一帜，主要针对那些热爱艺术的时尚人士而打造。杂志设计尽显高端大气，多采用一幅图片占整个版面的方式，充满视觉冲击力。

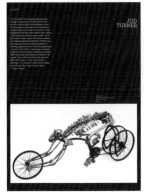

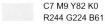

	C7 M9 Y82 K0 R244 G224 B61
	C30 M64 Y91 K0 R188 G112 B44
	C65 M38 Y28 K0 R99 G140 B163
	C84 M61 Y39 K0 R54 G96 B127
	C0 M0 Y0 K0 R255 G255 B255

*Interior Design*是一本美国的室内设计杂志，也是全球室内设计领域发行量最大的杂志。该杂志每期报道最新趋势、最新产品、最新技术，并深入报道有影响力的、多种风格的室内设计作品和设计师，是专为室内设计爱好者打造的。杂志设计简洁有力，对版面及文字的处理让人充分感受到杂志的吸引力。

C19 M12 Y12 K0
R214 G218 B220

C18 M66 Y16 K0
R207 G114 B152

C96 M88 Y54 K28
R22 G45 B75

C53 M72 Y100 K20
R124 G78 B34

C0 M0 Y0 K100
R0 G0 B0

*Visi*是一本英国的著名潮流装饰设计杂志。该杂志集家具设计、软装世界等潮流技术于一体，为读者介绍最新、最时尚的装饰设计，引导流行趋势，并为设计师提供设计灵感和交流平台，杂志读者包括设计师及家居装饰设计爱好者。杂志设计图片多样化，版式简洁时尚，视觉效果强烈。

C75 M36 Y13 K0
R55 G136 B185

C48 M41 Y35 K0
R148 G146 B152

C29 M23 Y19 K0
R191 G191 B195

C0 M0 Y0 K100
R0 G0 B0

C0 M0 Y0 K0
R255 G255 B255

AXIS是一本日本的权威设计杂志。该杂志报道设计界新闻,以产品设计为主,涉及多媒体、建筑等领域,设计师专访与主题报道尤为突出。杂志的读者除了专业的设计师以外,还有设计爱好者。杂志设计细节考究,色彩搭配和谐,版面留白较多,使读者阅读起来十分舒适。

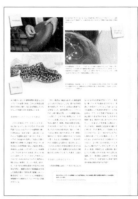

	C45 M36 Y58 K0 R158 G155 B115
	C52 M87 Y84 K25 R120 G50 B45
	C35 M41 Y67 K0 R180 G152 B96
	C70 M61 Y63 K13 R92 G93 B87
	C0 M0 Y0 K100 R0 G0 B0

*Picame*是一本意大利的设计杂志。该杂志内容涉及平面设计、摄影、插图、工业设计、时装设计等多个领域，特点是扎实的平面设计、插图及充满趣味的排版设计，是专为艺术爱好者准备的。杂志没有过多的文字，通篇均以视觉冲击力强的图片构成杂志版面，没有广告等闲杂内容，更显其专注性。